普通人的

出路

华佳雷 著

台海出版社

图书在版编目（CIP）数据

普通人的出路 / 华佳雷著. -- 北京 ： 台海出版社，
2024. 9. -- ISBN 978-7-5168-4012-2

Ⅰ. B848.4-49

中国国家版本馆CIP数据核字第2024ZV7756号

普通人的出路

著　　者：华佳雷

责任编辑：王　艳　　　　　　　总 策 划：王思宇
产品经理：聂　晶

出版发行：台海出版社
地　　址：北京市东城区景山东街20号　　邮政编码：100009
电　　话：010-64041652（发行，邮购）
传　　真：010-84045799（总编室）
网　　址：www.taimeng.org.cn/thcbs/default.htm
E - mail：thcbs@126.com

经　　销：全国各地新华书店
印　　刷：武汉市卓源印务有限公司
本书如有破损、缺页、装订错误，请与本社联系调换

开　　本：710毫米×1000毫米　　　　　1/16
字　　数：112千字　　　　　　　　　印　　张：11.5
版　　次：2024年9月第1版　　　　　印　　次：2024年9月第1次印刷
书　　号：ISBN 978-7-5168-4012-2

定　　价：78.00元

这里没有华丽的语言，没有高深的理论，没有名校背景的加持，也没有家族企业的光环。

仅仅是一个"三留少年"逆袭的的真实故事。

书里介绍了我在追求梦想的征途中，面对困难与挫折时，如何冲破困境，洞悉未来；面对瓶颈与闭塞时，如何找准方向，抓住机遇成就梦想；面对市场变化与背叛时，如何拨开云雾涅槃重生。

这本书适合每一个在创业路上前行钻研的普通人，也适合每一个想要突破自己、寻求机遇的迷茫者，同样适合每一个不断追求梦想与希望的追梦人。

希望你们都可以从这本书中汲取自己需要的知识与力量，哪怕是一点点，这就是我出版这本书的初衷。

序言

生而普通 活出精彩

如果父母没有给你漂亮的脸蛋，没有给你显赫的家庭，也没有给你聪明的脑袋，后天的历练将是你人生中最大的资本。

上天没有给你优越的先天条件，请不要灰心，那是对你的另一种眷顾，将让你走向更远大、更辉煌的未来。

对于我来说，青少年时期最大的收获不是成绩、不是能力、不是才艺，

而是独立的品格。

这将为未来的道路铺垫一切！

人生就像打扑克牌，

有的人拿一手好牌却老是输，

有的人拿一手烂牌却总能赢。

最成功的人就是，

拿一手烂牌却打得好！

目录

CONTENTS

一、人生的垫脚石

二、挑战自我

三、选择大于努力

四、摸索是最大的时间成本

五、商业的本质

附录

一、

人生的垫脚石

（一）

人生就是一场修行，
在苦难中成长，
在挫折里成熟。
你吃过的苦
都将成为长大后的盔甲，
护你一生不惧风雨

每个人都有只属于自己的童年。

童年是个情感很复杂的词，每个人的成长经历不一样，塑造的人格也不一样，童年是无忧无虑的、快乐的，也是心酸和孤寂的……

但每一个孩子都有无限可能。

有的人一出生就嘴含金汤匙，父母已经为其规划好未来的发展；有的人生下来，父母就为之忧愁，还为之温饱而四处奔波：

起点不一样，结果也不一样。

我最佩服的人有两种：一种是生而贫穷却不服输，就像全红婵；一种是生而富裕还超级努力，就像谷爱凌。

为什么有的人年纪轻轻就看上去很成熟，很通情达理，考虑问题非常全面，做人非常靠谱？为什么有的人具备一些优秀的品质，比如自强不息、坚持不懈？主要跟他的经历、教育、性格有很大的关系。

各位朋友，大家好，我是"南天博大"的创始人华佳雷，很高兴能够通过这本书与大家分享我的成长以及创业的经历。

更重要的是，记录一个极其普通的年轻人，通过自己的励志创业过程，从负债到身价千万，也希望我分享的创业经历和经营企业的感悟心得能够使大家有所启发。

2022 年开始写这本书的时候，我从事培训行业已整整十年了，这十年时间里，从我所经营的培训机构这里走出去的商家有 5 万个左右，其中包含很多电商企业老板（如淘宝、拼多多、抖音、快手、视频号等）、线下实体店老板，以及相关领域的美工、短视频、摄影、运营等从业人员。

今天请给我一点时间，在这里为大家揭开我真实的一面，让大家了解我是谁，我是一个怎样的人。

幼小沦为留守儿童

我跟绝大多数 80 后一样来自农村——苏北淮安涟水边界一个贫困偏僻的小村落，村里总共也就十来户人家，被其他村子调侃为"石（十）家庄"。由于村落比较偏僻，交通不发达，很难得到发展。在那个实行计划生育的年代，我们家属于超生家庭，还生了两个儿子，家里本就一贫如洗，还面临被罚款的压力，父母不得不背井离乡南下打工。

当时我跟弟弟也就七八岁的样子，本来我们是托付给奶奶照看的，但是由于家里的妯娌关系没有处理好，婆媳也有矛盾，奶奶在我们家照顾我们时二婶就有意见，天天争吵不休。每当他们争吵时，瘦弱的我和弟弟躲在靠墙的角落里大气都不敢出，低着头，没有任何依靠，特别害怕、无助……奶奶在没有了爷爷后也少了诉苦的地方，婶婶吵闹了一段时间，奶奶最后实在受不了那个气，就选择不带我们了。那时我不算大但能感受到他们争吵时的刻薄和无奈！

就这样，我和弟弟在没有大人陪伴的情况下过了一段时间，那段时间特别的黑暗和无助，吃的基本是白馒头就咸菜、白米饭加咸菜或者炒饭里面放点酱油。依稀记得有一次发大水，木桥被水淹了，我和弟弟蹚着水过桥，差点被水冲走。当时危险的画面被村里人看到后，逐渐传到了父母的耳朵里，父母听后特别的心疼同时也非常的气愤，因此跟二婶家和奶奶结下了这辈子都没有办法原谅的心结。

最后经父母商量，我们被送到了年迈的外婆家……

其实我挺珍惜在外婆家的那段时光，至少在那期间放学是有所期待的。外婆家是个大家庭，我有四个舅舅、舅妈，就是四个家庭，表兄妹也比较多，每家都是两三个小孩，再加上我们兄弟俩，真的特别的热闹。现在想想，外婆外公还是非常无私的，我们当时特别的感动，终于有了依靠，但也处处小心翼翼、谨言慎行，生怕出了什么差错让外公外婆为难！

也不知道为什么小时候的冬天特别的凄凉和冰冷，天都还没亮就起床做早饭，摸着黑到地里去摘被冻得笔直坚硬的小蒜叶，用那双长满冻疮又黑又红还有些发肿的小手敲碎缸里结的一层厚厚的冰，舀着冰水洗菜做饭。手伸进冰水的那一刻，那种刺骨的冷，到现在回忆起来都会打寒战，真的透心凉！正因为这段寄人篱下的经历铸就了我从小勤奋、独立、有担当的性格，以及那个年龄不该有的懂事和成熟！

现在回想起当时的我们兄弟俩，更多的是一种怜悯，毕竟也只是十来岁的孩子，也会有跟人起冲突的时候。那时正是长身体的黄金时期，营养肯定是跟不上的，瘦黑瘦黑的，脸又尖又小，被同学取笑长得丑，身材像竹竿，也有人给我起外号，当时我特别的生气，就跟同学打了一架。

印象中，周一到周五我们都是在外婆家，周末的时候就跟弟弟在自己家，我外婆家和我家相隔有 5 公里左右。

周末在家的时候，因为家里大人比较忙，没时间管我们兄弟俩的三餐，所以有时吃得也很随意，可能是一块饼、一碗米饭加小咸菜。家里有一个院子，虽然是两层小楼房，但家徒四壁，值钱的东西没有一件。农村地方还是挺大的，偌大的院子和房间只有两个人在家。冬天凛冽的北风，把树梢上的叶子都吹下来了，看着光秃秃的枯枝和落满一地树叶的院子，用两个字形容当时的感受就是"凄凉"。

把话留心里

在大家的印象中，我的性格特别的内向、胆小，很多时候都是默默无闻地躲在教室的角落里，没有任何的存在感，甚至突然转学可能都没人能察觉到的那种。但其实我内心也有很多憧憬，比如我梦想着能大胆地走上舞台，给大家唱歌、给大家演讲，侃侃而谈，娓娓动听，光芒万丈，无懈可击。

现实恰恰是相反的，有次老师选拔合唱团代表班级参加校比赛，我也特别渴望能参加。有几十个同学围着几张大大的桌子（乒乓球桌）试唱，我也是其中一个，当时可谓信心满满（因为在家里没人的时候经常会偷偷唱歌），可能兴奋过度太投入了，也可能是太紧张了，或者是极力地想表现自己，又不知道怎么才是好的表现吧。第一个被老师拎出来直接淘汰了，原因是我唱歌时摇头晃脑，手还在抠桌子做小动作，不好好唱歌，态度不端正。

当时我直接就蒙了，乐极生悲，觉得特委屈、特无辜、特沮丧，最初仅存的一点点梦想被彻底击碎了！

在那之后很长一段时间我都没有勇气再唱歌！

但梦想一直悄悄地留在心里，直到结婚后才让它慢慢地生根发芽成长！直至现在我仍然喜欢唱歌，喜欢音乐，喜欢舞台，特别喜欢唱老歌、粤语歌，应该是一直在完成小时候未能实现的梦想，它是一种情怀，更是一种心灵的缺失和遗憾。

留级耻辱

我跟我老婆是大学校友，但是我比她大一岁，她还上了小学六年级，我上学时学校还没有六年级。她经常开玩笑地问我是不是有留过级，每次我都支支吾吾嘻嘻哈哈地拿"读书晚"搪塞过去，因为我觉得那是我学生生涯中最大的污点和耻辱，也是我最不愿提及的过往。

内向、胆怯、老实、不讲话、不主动，是我小学、初中最大的标签。在老师眼里我是从来不会主动举手回答问题，不主动学习，也不属于班级里聪明优秀受老师喜爱的学生，就算老师点名让我读课文，我都是磕磕绊绊的，读完后脸一下子红到脖子，恨不得有个地洞让我钻下去。得不到家长的陪伴，得不到老师的重视，得不到同学的认可，精神上的空虚让我找不到学习的任何乐趣，更感受不到学习的意义，很快我迷上了小霸王学习机，以学习为借口，其实都是为了打游戏，只有在游戏中才能找到存在感、优越感，才能发泄我的情绪。理所当然，我的成绩很快一落千丈，但是我万万没有想到的是竟然被留级了，顿时犹如一个晴天霹雳，却又让我无可奈何。

在我看来，我学习不是最差的，也没有沦落到最后几名的地步，那些从来不学习调皮捣蛋的也没有留级，为什么偏偏是我留级？心里觉得很不服气。当时我们整个家族、整个"石家庄"都没有留级生，我是唯一一个！走在哪里都觉得被人嘲笑，那一天回家只有 15 分钟的路程我却走了整整一个小时，仍然觉得路很短。家里的亲戚调侃说："只要不留到学校倒闭就可以。"这种话真的令我无地自容。

留级带来的异样的眼光是令人煎熬的，甚至耳边时常响起："留级生，卖花生……"让人觉得是一种耻辱。

留守儿童、把话留心里、留级生，这"三留"成了我童年时代最深刻的记忆，所以我也常把自己形容成一个"三留少年"。

劳动潜能

放暑假的时候是最轻松的，但又是最累的，因为家里种二三十亩的地，除了自家十几亩，还种亲戚邻居家的地。多数是水稻，还有玉米、大豆，在村里也是有名的种田大户。

天刚亮，还在睡梦中的我就被叫醒，睡眼惺忪，跌跌撞撞，扛着锄头跟着我妈去地里除草。第一站就是玉米地，我想：除草还不容易，三下五除二地往前使劲刨，很快就会到头的。我钻进玉米地的畦陇里，低下头便开始刨起草来。走了几步刨了几棵草，就停了下来，军绿色的解放鞋粘上黏稠的泥巴拔都拔不动，艰难地往前挪动，边刨边拾草。不到 5 分钟，我的汗水就湿透了衣衫。汗水在身上流，就像有小虫子在身上爬。我用手擦了擦汗，继续干下去。只要一俯下身体，汗水就很快地渗出来。两旁的玉米叶子正好刺在脸上、脖颈上。玉米叶子上的小毛刺刺在身上又痒又疼，令人十分难受。干了有一会儿，我还是没有干到头。我直起又酸又疼的腰来，往前方看了又看，然后无可奈何地低下头继续干下去……

" 人生
没有白走的路，
每一步都算数。 "

旱地干完就是水稻地，是一眼望不到边的那种，我妈说我们家种了 40 亩地，之前没有概念，跑了一圈下来才知道工作量如此之大。稻田里的杂草很多，有的长得很深，有的根系很强，需要用力才能拔出来。如果心急，就拔不出来，或者会把稻苗一起拔坏。烈日当头，急火攻心，拔了两天就烦躁不安了。为了表示抗议，我把拔下来的草圈在一起抛向天空来发泄情绪，最后又砸到自己头上。自己种的果还是要自己尝！

拔草需要耐心。这让我想到了生活中的很多事情，有时候我们想要得到一些东西，也需要耐心等待，不能急功近利。

除完草，还需要打农药。为了提高效率，都是我和我妈两个人完成。我们在河边把药先兑好，十几分钟后一桶药水打完，立马又是一桶兑好的药水倒进去，继续接着打。有时我妈打得累了，我也会拿起桶打个两桶。打完所有的田地需要一周左右的时间，过半个月还需要再打不同的药，就这样要循环好几次。

之后，还需要施肥。施肥的时候需要在每个玉米秸秆根部刨个坑放一把肥料，再把土盖好，整个环节需要两个人完成。我妈刨坑和盖土，我端着满满一盆化肥放在腰间。刚开始是有点累，后面肥料撒的越来越多，盆里肥料少了也就会轻松点。为了不让肥料撒得到处都是，每次放的时候还需要弯一下腰对准坑放。从刨坑、放肥、盖土，最后还要用脚在坑上踩一脚盖实，就这样一直向前，一列又一列，一排接一排，都是用时间和汗水完成的。

因此长大以后我拼命地工作，再也不想回到农村，不想吃父母吃过的苦，走父母走过的路。

每个人生来不同，在不同的环境下成长，有着不同的经历，或是内敛自卑或是孤独无助，但是要学会面对，接受自己的不足，接受自己的与众不同。

人生是用来体验的，不是用来演绎完美的。慢慢接受自己的迟钝和平庸，允许自己出错，允许自己偶尔断电，带着遗憾拼命绽放，这是与自己达成和解的唯一办法。希望你能放下焦虑，和不完美的自己和解，然后去拥抱那个完美的自己，享受属于自己的人生！

所以，我后来就投入其中，学着享受其中！人生的不同就在于经历不同嘛！即使痛苦也是珍贵的经历，走出来你就会华丽转身！

（二）

这个世界能成功的人，除了天赋之外，还有永不放弃的决心、不达目的誓不罢休的信念

人生要想不被别人左右，就要有主见，并且要坚持自己的主见。

一个没有主见的人，好像做什么都不对，不做什么也不对，永远像一个跟随在大人后边不时探出半张脸的羞怯小孩，慌乱无措。

不能别人怎么样，我就怎么样，别人玩我也玩，别人学习我也学习。自己是否有目标，目标是否清晰，做事能否坚持不懈？这很关键的！如果没有，那结果一定好不到哪里去，即使你有过人的天赋也很难成功；当你具备不达目标誓不罢休的精神后，结果一定差不到哪儿！

学生时期的我是一个比较内向腼腆、缺乏自信的人。

上小学的时候还是有一些愉快的记忆的，喜欢跟小伙伴玩，玩的时候是比较尽兴并且能跟同学打成一片。玩玻璃球、摔方宝、扔沙包、铁环跑、转陀螺、跳房子、玩纸牌、翻跟头都是童年游戏，玩得不亦乐乎，毕竟小学期间还没有太大的学习压力，于是与同伴们的玩耍让我找到一些童年乐趣。

学生时代的我在成绩上是比较糟糕的，所以自己不自信的原因，一部分是源于自身性格，另一部分可能是学习成绩长期不理想吧。

学习成绩不好的人也分两类，一种是不想学的，索性破罐子破摔；一种是想学的，但成绩提不上去。

> **没有人能
> 决定你的样子，
> 除了你自己。**

我就是那种学习成绩一般却有着很强的上进心，一直想把成绩提上去却始终不能如愿的学生，这可能就是痛苦的原因之一吧。所以很多学习不好、调皮捣蛋的学生天天被老师训却还很开朗，因为他们已经直接"躺平"了。在我们那个时期，没有其他让你展示或者炫耀的地方，成绩可能代表一切，没有好的成绩可能就代表着你不是一个好学生。因为我妈是一个非常要强的人，一直拿我们跟二叔家小孩比、跟邻居家小孩比。看别人家小孩成绩好，难免是嫉妒的，每当邻居家孩子一大早拿着书本在村庄的小路朗读背诵的时候，我们就会被迫拿着书也出去背，声音小还会被骂。在学习上不尽如人意，在学校被老师训，回到家里被家长骂。

我的父母在种地这件事上是"秒杀"全村人的，除了种自己家田，还要把亲朋好友家田也拿过来种，好像就是为了争一口气，证明自己很能干，但其实是虚荣心作祟。

我从小就被灌输这种思想，虽然那时没有自己的认知，但不喜欢，也没有反对的理由，直到现在才有自己的认知。

到底要不要攀比心？
如何看待？

事实上，不管是在生活还是事业上，攀比心用对了也可以是上进心，能让人产生动力，就是对优秀卓越的追求。我相信每个人或多或少都会有攀比心理，甚至可以说攀比心是人类进化发展的重要条件。但凡事都有两面性，没有好坏对错之分，主要看它发生在什么样的情况下，对事情起着什么样的推动作用。

所谓攀比心理就是刻意将自己的智力、能力、决心等方面与别人进行比较，甚至希望超越别人的一种心理状态。很多时候我们常说

"人比人、气死人"，事实上人比人，并不要紧，因人比人而产生消极态度的人，往往是因为自身的性格和心理上的缺陷，从而变得自卑，造成情绪障碍、牢骚满腹，总觉得社会对自己格外不公平，也会让自己找到一个借口："我就是我，我跟别人又不一样，干吗跟别人比？"但凡遇到一些困难挫折就知难而退的人，最终只会变成碌碌无为的人。

科比具有很强的好胜心，才有了"永不服输的黑曼巴精神"。

记者问："你为什么能如此成功呢？"

科比反问道："你知道洛杉矶凌晨四点钟是什么样子吗？"

记者摇摇头，"不知道，那你说说洛杉矶每天早上四点钟究竟什么样子？"

科比挠挠头说："满天星星，寥落的灯光，行人很少。"

说到这科比笑了，"究竟怎么样，我也不太清楚。但这没有关系，你说是吗？每天早上四点洛杉矶仍然在黑暗中，我就起床行走在黑暗的街道上了。

"一天过去了，洛杉矶的黑暗没有丝毫改变；两天过去了，黑暗依然没有半点改变；十多年过去了，洛杉矶街道早上四点的黑暗仍然没有改变，但我却已变成了肌肉强健，有体能、有力量，有着很高投篮命中率的运动员。"

学习上有了攀比心，你追我赶、激励自己，提升成绩，增加自信；

生活上有了攀比心，不断付出、追求更高，让生活变得更美好；

工作上有了攀比心，不断学习、天道酬勤，甚至在先天不如人的情况下，让业绩暴涨、收入翻倍！

事业上有了攀比心，可以让企业变得更有竞争力，从而团队人才济济，产品更受客户信赖，事业更加长久。

但如何正确看待攀比心？是一门学问。

攀比是一种心态，不能将这种心态变成虚荣心。当一个人有虚荣心的时候性质就变了。当官的有虚荣心，就不能很好地为人民服务；当一个企业的老板有虚荣心时，想的就不是成就员工、成就客户，只为了自身的物质和精神的满足，企业就不能得到长足的发展。我们应将攀比心运用于工作生活的积极面，把比较对象当成自己学习及超越的标杆、激励自己前行的动力。承认别人比自己强，虚心学习别人的长处，找出自己的差距，才会缩短与别人的距离，人生才能够学会成长和进步。

对于我来说，从小到大一直在攀比中成长，现在想来也是一种激励，让我变得比同龄人更成熟，逼着自己不断前行。

对我们那个年代的孩子来说，家长的各种攀比使我们不敢叛逆也不敢有自我，我们多数是听话照做型的。然而如今的教育理念是开放的、有个性的，孩子大多敢于表达自己的想法，家长也会尊重孩子。

跟谁比？跟自己比？跟别人比？积极的还是消极的？这些都没人给我答案，都是我自己在一步步的探寻中找到相对正确的答案。

因此，我们常说跟什么样的人在一起就会变成什么样的人，跟积极的人在一起变得积极，跟消极的人在一起变得悲观消极，跟爱学习的人在一起变得喜欢学习，跟有钱人在一起也会变得越来越有钱。

没有一个人的成功是一帆风顺的，在经历大量失败、困难、挫折的同时，也历练着一种不服输的精神，以及明确今后的人生目标——我想成为什么样的人、做什么样的事业、有什么样的规划。有清晰的目标，才能一步一步去实现它。做事坚持不懈也是必须具备的品质，很多人为什么很难成功，就是不能坚持，总是半途而废。

人要想获得更大的成就，一定要有目标和强烈的信心，然后朝着目标努力。

这一点我深信不疑，每年年初我会把一年的目标写下来，然后贴在办公室桌子上、贴在家里的卧室门后面，经常看，每年的目标基本能实现。

曾经听过这样一个故事：

战国时期，有一个叫乐羊子的人，离开家到很远的地方去拜师学艺。一天，他的妻子正在家里织布，乐羊子突然回来了。他的妻子觉得奇怪，便问："你这么快就学完了？"乐羊子说："没有，我在外面想家了，所以回来看看。"他的妻子听了以后，拿起剪刀把一块已经织好的布剪成两段，然后对他说："这布是我辛辛苦苦、一点一点织出来的，现在我把它剪断了，就等于以前的时间和辛苦都白费了。你拜师求学，和我纺线织布是一样的！"于是乐羊子离开家继续拜师求学去了。

半途而废，不能坚持到底是很多人失败的原因之一。

（三）

在成长的道路上，要想遇到贵人，首先要成为自己的贵人

黎明之前是黑暗，那些不愿提及的学生时代，让我觉得人不可能一直走背运，但也不可能一直走运。

每个人的成长过程中，都会遇到贵人，可能是你的老师、朋友，可能是长辈、家人，他帮助你打开你的认知、提升你的格局，让你重拾对学习的兴趣、对生活的憧憬。

成长的路上，需要打击，但也需要鼓励。

我 2003 年中考，考了 561 分，成绩不算好，只能算中等偏上一点。我没能考上如愿的高中，在那个时候一个班级最多只有三五个能上县里面最好的两个重点高中。剩下的，要么上个中专，要么直接外出打工了。只有这两条路可选，更多的还是选择外出打工。

于是我在老师的极力推荐下，打了几个电话后，最终确定上中专。其实我上什么学校倒无所谓，对选什么专业也没有认知，可能因为我的舅舅在浙江一带做计算机培训的工作，据说做得还很不错，从计算机老师一直晋升到校区负责人。在那个时候从事电脑行业的工作还是蛮吃香的，外面的计算机培训机构也是非常多，于是我选择了一个叫计算机应用和管理的专业。

第一次来学校报到的时候，我感觉学校大门不如想象中的气派，还带点破旧，学校门口两边站满了举着牌子欢迎新生的学长们，非常热情有活力。在走到办理入学处时，当时的班主任黄老师接待了我们，给我们统一登记、交费、安排宿舍等。

黄老师，点燃了我对学习还有生活的激情，更加提升了我的自信心！

刚开始见到黄老师的时候，她给我的感觉是亲切，做事认真负责，而且看上去很有活力，工作很有激情，高高瘦瘦的、眼睛比较大。黄老师刚大学毕业就被分配到我们学校当老师，人比较有亲和力，在工作上的号召力和组织能力也非常强！

在一次班会中，也就是入学后军训的第二天，白天是学校组织的新学员全体会议，晚上班主任组织班会，班会环节有自我介绍、才艺表演和班干部竞选。

班会的第一个环节，在老师的引导下每个人上台都做了自我介绍，那也是我第一次在全体同学面前做自我介绍，具体讲了什么忘记了，可能就是叫什么名字、来自哪里、有什么兴趣爱好。

接下来的才艺表演，基本都是以唱歌为主。在黄老师的引导下，至少有三分之一的同学上台唱了喜欢的歌曲，有的同学还大方熟练地唱了些流行的曲目，有《兄弟》《水手》《开心的马骝》等都是当时比较火的歌曲。唱歌是要到讲台上唱的，而且都是清唱，演唱的同学一边唱，黄老师带领大家一边拍手，整个教室充满欢声笑语。

同学一个接着一个唱，都是自荐上台，老师也在不断把氛围营造起来。

还有谁，还有谁，上台唱一个！

看到一个个同学上台，我心里也开始纠结，别人都能上去，我为什么不可以？于是，不断搜索脑海中为数不多还能够哼上几句的歌曲《兄弟》。想冲上去，但好像又不敢。

不敢的是从没有上过舞台，当着四五十个同学表演节目，还是清唱。虽然这首歌我经常听，但是从来没有真正学习过或练习过，只会高潮部分的几句。对于歌词不熟加上从没上过舞台，但又想表现自己，内心充满着纠结和挣扎，一直有两个声音在较量。

如同每个人内心中常常住着一个天使和一个魔王。在我们需要做出选择判断的时候，他们就会同时跳出来。

天使说："行动吧，观望最终什么都得不到。"

魔王说："再看看吧，看别人怎么样再说。"

就像这次班会才艺表演，心中一个声音说："上呀，这么好的机会可以展示自己。"另一声音说："算了吧，唱得又不好，不上了吧！"

最终魔鬼战胜天使，表演环节我带着遗憾结束了。

黄老师说，接下来我们要选出班干部。黄老师把每个班干部的职责讲清楚，需要具体做什么，然后也是自荐的形式。

首先，班长是在大家推荐、部分同学的力荐下成功当选，副班长也基本是一样的模式。无论班长或副班长，共同的特点就是属于特别受欢迎的那种。

班长选完后，有学习委员、课代表、劳动委员、生活委员、纪律委员。我看已经选出几个班干部了，当时心里想，为什么自己不行呢！

终于心中的那份热情被点燃了，不能再等了！老师说劳动委员谁来当？

在老师问了几声，在心理一番较量过后，我终于站了起来。

就在我站起来说我来当的同时，有同学比我快了一秒，几乎同时起来。老师看我后站起来，就把机会给了别人，说你下一个吧。

然后在接下来的，生活委员的自荐中，我第一个站了起来，因为有老师前面一句话，也没人跟我抢。

当我站起来的时候，红着个脸，简单几句话介绍了自己，我要竞选什么职位，当时具体讲了哪几句话连我自己也不记得了。

就这样，我人生当中第一次靠自荐当上班干部！可能就是凭着一股力量、一种不服输的信念。

其实人生，最终就是一场自己与自己的较量。

让积极打败消极；

让快乐打败忧郁；

让勤奋打败懒惰；

让坚强打败脆弱；

让善良打败邪恶。

别人可以当班干部，我怎么不可以？我也不比你差！

这样的机会怎么能错过呢！

在整个班会过程中，同学们很开心，慢慢变得熟悉。

有些同学谈论的品牌、时髦新鲜的事物我基本插不上话，有些同学都认识，很快聊到一起了，好像自己跟他们都没有什么共同话题。

那时突然间觉得自己像没见过世面一样，对于外面世界充满了好奇和羡慕。跟同学之间偶尔开玩笑说，你是哪个地球村的？

是的，这正是真实的自己！

我就是来自地地道道的农村，十几年都没有出过县城。

也是第一次出县城，眼界真的是受限。

对于一个陌生的环境，自己在强行融入，以便尽快地适应。

" 人生，是一场
自己和自己的较量。"

　　同学相处，可能更多谈论的是穿的什么品牌、有什么好吃的、玩什么游戏，学习倒是很少谈及；真正求上进爱学习的也有，但相对不是很多。

　　在成为生活委员后，我每天的工作就是早上叫大家准时起床，收拾好房间；检查宿舍卫生，摆放整齐、一尘不染。因为当时每个宿舍都要由学校统一检查，还要通报评比，我的任务就是在每次检查前监督大家把卫生做好。

　　晚上还需要检查按时就寝，有什么问题老师也会第一时间让我跟她反馈情况。

　　生活委员，顾名思义就是负责生活方面的工作，说白了就是后勤保障、卫生安全、起居就寝等。

　　有段时间，我有种想放弃的念头，尤其是隔壁宿舍的同学都成绩一般，比较调皮，又人高马大的，我去管，人家都不理我的，让我感觉很受挫。

　　因此我也表现出对岗位的不在乎。我记得黄老师曾找我谈过话，可能是对我的工作不满，但是也没有责备我，还是给予我鼓励，告诉我该怎么做，这也给了我继续担任的信心。

这期间，黄老师也常跟我们打成一片，走进我们的生活，关心每个学生的情况。

在优秀班干部评选中，连续三个学期我被评选为优秀班干部！

每当回忆起学校的学习生活时，这一段时光总让人怀念和难忘。

我人生中的一大贵人，我的启蒙老师——黄老师，即使现在我们仍然保持着联系。

在职业学校期间，我终于得到老师的关注和重视，那种感觉如果用一个词形容的话就是：幸福。

在小学初中更多的是被老师批评、责怪，但到职业学校后是截然不同的处境。前者找不到前行方向、找不到存在感，老师只关心成绩好的；后者可以让我自由发挥能力和找到自己擅长的，并可以放大自己的优势，实现自己的价值。

从中我们能看出，信心的建立对于一个人是非常重要的，不管是工作还是生活，都是如此，一个人自信的时候就会充满智慧和能量。

一个人的自信来源有两种：

一方面是通过他人的欣赏、赞美和鼓励来获得自信心。

一方面是内在具有的特性，如长得好看，有优势，有别人不具备的能力来获得自信心。

一个人要想坚守自己的内心，就要有一份自信。什么是自信呢？自信应该是一种发自内心的自我认同感，一种不需要借助外界来证明自己的信心。自信，是一种态度，源于内心，是对自我清晰的定位和认知。

人在成长期更多的是由外部某个人或某件事给予我们自信心，人一旦迈向成熟，需要的是自我的认同感，不受外界影响的内心的强大与笃定。

一个人小时候自卑，不代表一生都自卑；一个人小时候聪明，不代表就能随随便便成功。

在成长过程中，我们会经历很多困难挫折，也会遇到一些贵人相助。

比如，激励你让你看到自己优点的人，帮你理清生活工作思路的人，给你分享新观念好消息的人，提醒你让你看清自己不足的人。

除此之外，我们常常会忽略，我们自己才是人生中最重要的贵人。

人生，是一场自己和自己的较量，我们最需要的是信心和勇气，只要有信心、有勇气，你就是自己的贵人，你所遇到的一切问题都不是问题。

不管任何时候、遭遇任何打击，我们都要无条件地相信自己，拿出勇气，去迎接一切问题，直面一切挑战。

真的，人生没啥大不了的，只要信心在、勇气在，大不了重新再来。如果生活给你打击，你就还它奇迹；如果命运给你打击，你就和它抗争到底。

相信自己，你可以战胜一切；相信自己，你的人生会因你而精彩；相信自己，你一定能赢！

（四）

当发现自己不合群时，不要自我否定，而要自我肯定。独立独行的，往往才是真正厉害的人

枯燥的校园生活、轻松的课堂，对于很多同学来说可能就是吃喝、玩游戏，虚度光阴的地方。我因为想逃离现实，一度尝试放弃学业，未果。

真正想要改变的人，都是向内求的人。真正厉害的人，从不抱怨，改变不了环境就改变自己。

　　在学校的几年，对我个人来说是相当枯燥的，也有可能是因为整个学习氛围不如那些知名的学府那般浓厚。毕竟到这个学校来上课的学生考的分数都不是太理想，进入这所学校也是没有办法的选择吧。甚至部分同学的成绩非常糟糕，也有两极分化的，有些学生成绩的确还可以，有些就比较差。那时学校也没有按分数排名，我进到学校的时候，曾私下了解我的成绩在班级算是排在前十的，在前一两年还有学习的劲头，后来越来越没有学习的动力和氛围了。

　　在学校期间，几乎每天三点一线（班级、宿舍、食堂），休息的时候也是三点一线（宿舍、食堂、网吧）。长此以往，很难找到好的学习氛围，真正爱学习的人掰着手指头都数得过来。平时往图书馆跑的人并不是特别多，而我，则属于这为数不多的其中一个。

　　周末很多同学结伴而行去一个叫水月城的地方，在学校附近2公里不到，那里大概有十几家网吧，生意可谓是火爆，难得空出一个位置。当时很多同学沉迷于游戏无法自拔，通宵、连续包夜等，没有人约束就放任自己。

　　也有很多同学对于购物情有独钟，问题买一些品牌的衣服、鞋子。其中有部分同学家庭条件还算不错的，每周日回来都会左一个手提袋右一个手提袋，都是当时很受追捧的品牌服饰。

　　我在同龄人中是比较早熟的那种，我比较自律，但也可以用不合群来形容吧。每次一到周末，很难能找到一两个玩伴。有时觉得无聊，也只能跟着大家去水月城的网吧，很多时候是看到别人打游戏，说实话我也是真的看不懂，只是在打发时间。有时开了个机器，大部分时间是在聊 QQ。玩两三个小时觉得没有意思就一个人回宿舍了，因为其他伙伴都要玩很长时间，一天时间不够甚至还要通宵。到了宿舍也是非常冷清，一层楼十几间宿舍也找不到几个人。

> **"当我们在群体中**
> **感到与众不同时，**
> **这种不合群**
> **可能代表进入另一种高度 "**

在学校期间，很多时间是挺孤独的，有时只能独来独往。

因为空闲时间很多，于是决定参加一些校外关于本专业的培训，学习了五笔打字（大家看到的这本书就是我用当时学会的五笔输入法完成的），还报了一个电脑组装维修的课程（这给予我毕业后从事电脑销售维修工作一些帮助）。

在最后一年的时候，校园生活的枯燥让我觉得是在浪费时间，跟班主任提过两次退学，可是老师都没放心上，根本就没搭理我。有一天鼓足勇气跑到老师的办公室提出要退学。老师就问：你退学能做什么？我说到昆山舅舅的电脑培训机构再看，然后老师又问：你到培训机构做什么呢？说实话因为也没有想过，支支吾吾说不清楚自己到底出去要做什么。这对于班主任来说也觉得不可思议吧，别人是学不下去或者违纪被退学，你在学校表现很好，学习也还行，退学可能是一时冲动。最后在班主任的劝说下，我被老师说服了。后来回去想想毕竟还有一年时间，再坚持坚持也就过去了，没有学历出去找工作也很难找的，至此退学的念头也就打消了。

现在想来，当时的厌学其实并非讨厌学习本身，而是讨厌自己所处的没有学习氛围的环境。平时去图书馆、阅览室的大多数是女生，很少见到男生学习。而我在这样的环境下就显得有些另类。在当时那个年龄，我认为"一个好的学习氛围可以促使你上进，一个不好的学习氛围可以影响到你"。

一个真正内求的人，喜欢在自己身上找问题，内求的人是向前看，属于成长型；而外求的人，喜欢把一切问题归根于外在，总认为自己没有问题，都是别人的问题，属于逃避型。

这就是很多人普通的原因，要么遇到问题就选择逃避，要么找外界原因，没有自己的主见和思想，最后就随波逐流。

虽然说当时我并不喜欢学校的学习氛围和环境，但也不想消磨时光。积极的一面是在这个过程中我学会了如何与不喜欢的人相处，学校也是一个小的社会，也会有自己不喜欢的人，但是为了生活和发展，即使不喜欢，却也能和谐相处。

所以，一切事物都有两面性，无论是善恶、黑白、对错，都有其内在的双重性。比如爱情，它既有美好的一面，又能给人带来痛苦；

就像硬币的正反面一样，不同的角度、不同的观察者，会有不同的看法和感受。

你的员工，虽然说工作业绩是不错的，但是工作态度比较随性、马虎，并且不服从管理、自以为是，大多数时候你是很不喜欢他们的，那么这时就不能仅凭个人喜恶做决策。

我们既要与喜欢的人相处，也要学会与不喜欢的人相处。换个角度看问题，天地自然宽。

遇到喜欢的人，要好好珍惜；遇见不喜欢的人，也要学着相处。

明代学者陈继儒在《小窗幽记》中说："居不必无恶邻，会不必无损友，惟在自持者两得之。"

世界虽不是非黑即白的，但有喜欢也就存在厌恶。这一生，我们除了有血缘至亲的父母，还会交到朋友、认识同事以及相伴一生的爱人。

一辈子遇见那么多人，实际上志同道合、灵魂契合的人寥寥无几。生活失意时总想找个知心好友一起畅聊，却无人可找。

小时候我们只会和喜欢的人玩耍，但长大后却发现，身边的人不是自己喜欢的，可我们仍会与之保持和睦的关系。

总之，人生漫漫，我们总要学会与不喜欢的人相处。

因此，你只需要找到属于自己的生活方式，然后坚持下去，就能够得到你想要的结果。

从留守儿童到学生时代的各种经历，都让我慢慢悟到这个道理。

二、挑战自我

（一）

人生最重要的能力是销售的能力，第一份销售工作，拼搏到无能为力，努力到感动自己

踏入社会，我感谢自己找了一份销售的工作，并用行动证明自己有能力做好一份工作，虽然销售是漫长积累的过程，但庆幸的是自己顶得住压力、耐得住寂寞、经得住考验，坚持到了最后一刻。

销售也是无处不在的，不管你是做什么的，从出生开始就在销售，销售你的思想，然后让对方有所行动。

2007 年我踏入社会开始实习，因为也没想过自己的职业规划，于是就在淮安随便找了份工作，先干着能有个收入，至于工资从来没有想过，能自己够吃够住的就可以了，毕竟已经毕业就不能再向家里要钱了。

然后我就跟三四个同学一起找的 DM（快讯商品广告）公司，那也是一家初创型公司。那时底薪只有 1500 元然后加提成，专门做报纸广告，4K 的报纸版面，两个 A3 纸张大小，里面印的都是广告，一小块 150 元 / 月，大幅的 1000 ～ 3000 元 / 月，价格不等。我们的工作内容只负责销售，一家一家上门跑。毕业的时候正是夏天，天气非常炎热，一家一家门店去跑，上午出去两三个小时，中午回来休息一下，下午继续出去。半个月下来，跟我一起进来的两个同学、其他销售都已经陆续离开了，只有我还在坚持。

在一个月不到的时间里，我跑出了三单的成绩，虽然业绩不算显眼，但是与我同时进入的几个小伙伴，他们一单没出相继离开了。其中有两单是靠自己独立开发的，也可能跟客单价低有关系。其中一家也是遇到了好的老板，当时下午一点多天气很热，我一家一家推开商家大门，走进去第一句话："老板，你好，我们是做 DM 广告的，给你介绍一下，把你们广告做在上面让更多的人知道。"老板一看我稚嫩的脸，穿着白衬衫前胸后背都已经湿透了。让人意外的是，老板说了一句，小伙子，大学刚毕业吧。我说是的。他倒了一杯水递过来给我，说："先喝口水，休息一下。真不容易啊，小年轻还蛮能吃苦的，大热天还在跑业务。"然后主动问:"这怎么做的呀？"我一听，心想：机会来了，老板竟然对这个广告感兴趣呀。然后我很详细地把公司的广告产品介绍一番，小心翼翼地讲了一个实惠的套餐，生怕老板听过后不买，没想到老板就付钱了做个小的板块试三个月看看效果。说实话我也是第一次感受到通过努力带来的成就感！

第一次做销售没有一点销售技巧，也不懂了解客户需求，更不知道如何报价、如何成交。

那些专业的销售流程通通都没有，有的是一颗稚嫩单纯的心。

仅仅凭借着一股对于工作的热情、想要证明自己能够胜任这样的工作，也或许是年轻人的一种血气方刚的冲劲吧。

成交了两单后，当时负责业务的头头对我逐渐重视起来，带着我一起跑业务，让我在边上学着他是怎么跟客户聊天的，的确他的业务能力和老练让我学到很多，他总能第一时间跟客户拉近距离，并且很快就能跟客户聊起来。

这也让我学习到了如何跟客户介绍产品，如何第一时间跟客户寒暄，建立信赖感。

卖产品之前先要推销自己，如果客户不喜欢你，自然就不会听你介绍产品。

因此上门拜访第一句千万不能直接推荐："我们是做广告的，要不要做一个？"

客户的回答肯定是："我不需要。"然后就转身奔向下一家。

人都是一样的，会有戒备，怕被伤害，所以一般以不需要为由把销售拒之门外。

在跑了半个月后，感觉这样一直被拒绝也不行啊，不能一见到人就问："要不要，做不做？"后来我就做了调整："老板你好，我们是做店铺推广的，可以把你们店铺放在我们这儿宣传，这样就会有很多人找到你们，我看你们店也不是在繁华区，可以做一点宣传推广试试。"自从调整了之后明显就感觉效果好多了。

再后来总结出我自己的一套上门陌拜经验：

通常是先亮明身份、亮明自己的实力，让客户对你产生好奇，建立信赖感。

接着拉近距离寒暄几句，聊生意、聊时事或当地新闻话题，让客户放下对于你的防备心。

然后，再根据实际情况挖痛处，给好处，别人用了我们产品变得怎么样怎么样，如果你用了也会变得怎么样；再结合客户反馈意见调整，直到促单。

一个月后，招来的销售因为出不了业绩都走了，只剩两个老板、一个设计师，还有我，一共4个人。对于销售来说，既没有系统培训，又没有师傅带，还没有标杆员工，缺少一套可复制流程。

第二个月，因为业绩很少，所以我也没有工作激情了，大家该走的都走了，我还在坚持什么？想辞职但是不敢一时冲动，但坚持下去意义又在哪？

每天出去跑业务，炎炎夏日，回来基本是汗流浃背，不是在跑业务就是在跑业务的路上。其实我倒是不怕吃苦，而是怕吃了苦能力无法得到提升，一时看不到希望。最后现实的生活还是要面对的，我终究还是辞职了。

" 人生就应该
拼搏到无能为力，
努力到感动自己 "

人生中第一次无奈离职，虽然这份工作没有赚到钱，但是对我的个人成长帮助也是非常大的。第一次做销售，第一次以这样的强度做业务陌拜，所有销售走完了，自己还能坚持下去。

这让我看到企业总是留不住人的根本所在，也是很多小微商家做不大的原因所在。

很多企业招到的员工是否能留住，关键在于公司有没有可复制的流程？员工有没有师傅带？有没有标杆员工？如果没有，招来的人留下来的概率非常渺茫。

离职后也就意味着没有收入，生活还是要工作赚钱的。

因为在学校我学的是计算机专业，对于设计方面有强烈的兴趣。

于是，我就在附近找了一份关于排版印刷的工作，当时是在路边印刷店，老板人倒是挺好的。

在做排版设计过程中，我学习到了排版常用的软件，学习到了怎么与上门的客人沟通，学会了如何排版。

在做了一个月后，薪资很低只有 600 块钱，连生活费和房租都不够。第二个月的薪资老板还是按学徒工结给我，也没有按正式员工算，于是我又干了一个星期实在撑下去了，决定离职。

当时离职也是迫于无奈，其实心里也衡量了好久，最终鼓起勇气给老板打了个电话，我心里一块石头落下了。

任何一家企业都一样，员工的离开，要么就是得不到成长，看不到未来；要么就是赚不到钱，因为没有人跟钱过不去。

（二）

人生有太多的十字路口，不知何去何从。当你感到迷茫的时候，最好的方式是尽快走出去

人生就是这样，在每一个十字路口，都面临着很多选择。有的选择，你可以自主；有的选择，则是身不由己。

但不管何时，我们都要做向上的选择，一定要尽快走出去，而不是选择逃避。

在淮安工作几个月后，我看不到未来，也曾一度陷入迷茫。在离职后，我一度有逃避的想法。

于是，我就一个人到网吧，到网络上找点存在感，打发一天的时间。

在经历离职后一周的内心挣扎和迷茫过后，我最终还是选择离开淮安，南下奔赴苏州，寻求发展。

一个人什么时候没有安全感？就是失去工作的时候！在学校时可以靠父母，走上社会只能靠自己。

人的本能是生存，经济是一个人活着的基础。当一个人失业了、离职了之后，空闲的一段时间里，是最没有安全感的。失去工作就意味着失去了养活自己的能力。而我们现在的生活已经和这个社会密不可分，我们不可能返回到远古的农耕时代了，在城市化的进程中基本的衣食住行都需要钱，所以当危及生存的情况出现时，人就会恐惧，失去安全感。

后来了解到，我所就职的第一家广告公司，由于没有一套成熟的经营体系和复制人才的能力，一年时间不到就倒闭了，而另一个印刷公司多年后还是夫妻档，没有任何改变。

在人生的十字路口，选择往往是最艰难的。

" 没有选择往往也是
一种更好的选择！ "

　　在学校时，有一段时间我一直有放弃学业的念头。因为当时我的小舅在浙江一家连锁培训机构当校长，从最开始的老师升为校长，然后放弃校长工作，来到昆山创业，接下了一个培训机构，在他的管理之下，培训机构招生格外火爆。因为他只是初中毕业，这使我相信只要有能力就会有出人头地的一天。

　　离职后，我在淮安度过了漫长的一个星期后，实在没地方去，想到了去找在昆山开培训机构的舅舅，然后就给家里人打电话说要不就去舅舅那。当时我妈就跟我舅说明了情况，于是我就来到了昆山。

　　来到昆山之后，我便自己坐着公交来到舅舅的培训机构。当时也是中午了，正好舅舅准备去市区修打印机，我于是跟着舅舅来到市区，就在正阳桥附近吃了一碗面，四十块钱左右，这在当时是我吃过最贵的面了。然后我们来到当时昆山电脑市场最繁华的潭子街，这里有二手电脑，有新的电脑，家家户户都是忙忙碌碌的经营景象。

　　回到培训机构后，舅舅给我安排一个老师说你先跟着这个老师学着吧，先学习一些设计排版软件和一些电脑组装维修技能。我记得我只上了两节课，后来一个星期靠自学把教案上的所有知识全部学完了。有不懂的就问老师，所谓师傅领进门，修行靠个人，任何领域都是相通的。如果自己不想学习的话，靠别人一个知识一个知识地喂，学到的东西也是会忘记的。

我在昆山一边学习，一边利用空闲时间了解昆山的工厂聚集地，尤其是昆山城南，也就是中华园周边的科技产业园，这里的工厂、电子产业非常发达，人们熟知的 IBM、华硕等电子产品都是这里生产组装的。很多来自全国各地的年轻人都辗转于此，每天早晨七八点这里人山人海，非常壮观；周边做生意的、吃喝玩乐的店铺商家也非常多，让人大开眼界。于是我有了想留在昆山的念头，感觉这里充满着机会。

这也是人生第一次，我走出家乡，离开淮安。

在苏州昆山市，我开启了人生新的征程。

（三）

第一次创业，做起电脑生意，并把电脑卖到了老师的培训班

我在舅舅的资助下开始了小本创业，第一次以小商贩的名义去收购电脑，结果被骗。虽然结果令人沮丧，但我从中吸取经验以后也学到了如何应对此类情况。

一个大学生顶着压力、厚着脸皮，每天被人用异样的目光盯着，拎着一桶糨糊穿梭大街小巷，靠着每天坚持贴小广告打开市场。

做起电脑生意后，我在同学小圈子中成为焦点，并成为老师的骄傲。

在一次聊天过程中，听说二手电脑需求量很大，生意也很不错，于是我便从二手市场买来几台电脑，贴广告卖给个人。然后我又去了昆山城北八支桥的二手电脑市场，当时那里一片繁荣，有个人去购买的，也有商家去批发的。我觉得这样生意可以做，于是要尝试看看。

2007 年的时候电脑普及率已经很高，特别是对于在外打工一族买台二手电脑更是不错的选择，不需要了可以再卖掉，反正也不需要投入多少。

于是我就开始了卖二手电脑，刚到昆山不久，培训机构就是我的落脚点，我一边学习一边研究怎么销售电脑。白天我就骑着自行车从富华园到城北富士康路和北门路附近，当时没有钱买电动车只能骑自行车，每次骑车都要一个多小时，在附近所有小区都贴出售电脑的广告信息。电脑销售的生意开始了，进货八九百元一台，卖 1000 元多点，一台赚 300 元左右。

我通过赚取中间利润也给自己带来很大成就感，对于我后续的电脑销售之路也增加了很大的信心。

一台一台地进电脑，卖完再去进，没有什么创业成本，也没有库存压力。后来，我意识到，我们去二手市场进的电脑都是先从网吧或者公司收过来，然后整理组装一下再卖给我们的。

当时想如果我也能收到网吧的电脑，岂不是赚得更多吗？

我平时就会关注哪里能够收到网吧或者公司淘汰下来的电脑的

相关信息，每天就是看网上论坛、二手网站。

终于有一天，我在网站上发现有网吧老板发布有一批电脑要出售，我当时就打车到了那个网吧，老板讲了电脑有多好多好，准备卖掉，换一批新机器，一共有二十几台。当时我看过后感觉还不错，谈了价格是 850 元一台。但是我毕竟不是专业的，也没有人给我参考，只是一心想要收到一批电脑就给网吧老板交了订金，剩下的第二天过来拿机器钱一起付。

当我第二天叫了面包车去拉电脑的时候，也是满心欢喜，想着这一批拿回去起码也能赚两三千元。

让人意想不到的是，当我把电脑拿回家的时候，打开机箱一看，其中五台电脑的硬件都被拆完了，只剩下主板了。

当时我就感觉到心拔凉拔凉的，怎么会有这种人，被舅舅一顿批"怎么这么傻，赶紧去找网吧老板"。

于是我在很气愤的状态下给老板打电话，第一遍电话打过去，老板理直气壮地讲他不知道，还说："当时你不是看过机器了吗？"我说把电脑拿过去给他，到了网吧门已关了，再打电话过去就没人接了，一个星期打了上百遍电话没人接，去了两三趟不见人，此事就这样不了了之了。

因为当时没有启动资金，进电脑的钱是舅舅出的，本想赚到钱一起分的。因为被骗了，我还要去买配件把电脑组装好，最终经过一个多月的时间才把电脑卖出去，一大半电脑是赚钱的，另一部分电脑是亏钱的。

回顾这次上当经历，其实并不是什么坏事，也让自己在未来的道路上能够谨慎处事。

一个人犯错并不可怕，只是不能在同一个地方同一个环节上频繁犯错，所以吃一堑长一智也是个人成长的必经之路。

每一次犯错都是成长的机会，可以从失败中发现自己的不足。

" 吃亏并非坏事，关键是你从中能学到什么？ "

我在二手电脑销售过程中，发现二手笔记本越来越受年轻人的追捧。我二舅先开始二手笔记本的销售之路，他虽然当时已经四十出头，但对电脑很精通，硬件维修、软件设计都比较拿手。他率先找到了二手笔记本的销售方式，每天一大早骑着电动车跑遍昆山大街小巷，狂贴广告，8点多到店里开始招待想要买电脑的顾客，多的时候一天卖十台八台，少的时候也能卖一两台。

在二舅的影响下，我果断决定也转而卖笔记本。笔记本成本高，一台需要1000多元甚至2000元成本，但是利润也高，可以赚500元左右，但是没有启动资金怎么办呢？

这时我想到了在苏州上班的女朋友，于是我向她借了3700元，拿到了我进货的第一笔资金。第二天一早我跟着二舅去上海，每次进货都是提个电脑包就可以，拿 5 台以下一个包，超过 8 台两个包即可，刚开始感觉还不错，就相当于出差。

刚开始因为启动资金有限，也没有店面和销售经验，我每次都只能两台两台地拿，但是比较麻烦。因为当时我租住的小区租金很便宜，于是我决定租个店面，后来靠卖电脑赚的几千块钱，然后又向家里借了 5000 块钱，才租到了店面。

后来随着进货的频次越来越高，我一个星期左右就得去一次，每次都是两个挎包，塞得鼓鼓的。电脑市场离公交站有一段距离都是步行的，走过去差不多 10 分钟，手上提一个，肩膀上挎一个，起码有三四十斤，以前的笔记本电脑也是蛮重的。

店铺开起来了，电脑也越进越多了，多的时候展示柜上放有十几台笔记本电脑，但是销量怎么上去呢？只有靠拼命贴广告才能吸引更多的买笔记本的顾客。

于是，在后面一年多的时间里，我每天都是五六点起床简单洗漱后，路边买两个包子边吃边骑车开始贴广告，昆山的大街小巷我几乎跑了个遍，从城南到城北、从城东到城西。

每天早上贴三四百张是正常情况，贴广告看起来容易，但是真正能拉下来脸的人是不多的。刚开始我会觉得很丢脸、不好意思，但随着时间的推移也就习以为常了。虽然只是贴广告，但我也得确保贴出效果来。我认为凡成大事必作于细，由此我也积累了很多贴广告的经验。在这样的信念下，为了能让广告停留的时间长一些、显眼一些，我还研究出了自己的一套贴广告心得：

一、往高处贴，贴高一点、角落一点。

二、内容要醒目。

三、每个广告栏上要至少贴3～5张广告。

掌握了贴广告的技巧后，我的效率明显比别人高，于是就有源源不断的客户能找到我，自然生意就比别人好。

每每有同行问我："你广告为什么贴得那么好？"我就很骄傲地给他们分享我的经验，你应该这样贴这样贴，不然贴了也是白贴……

贴广告是当时最有效的宣传形式，慢慢随着网络的普及，本地论坛、58同城、赶集等分类信息网站流行，越来越多的人通过网络找信息，购买产品。

早上贴广告，白天在网上通过各大网站发布信息。

有一次，客户通过网络看到我人在昆山，客户说他人在苏州。我先把笔记本电脑的照片发给客户，他一下就看中了一台，然后让我去苏州火车站交易。

因为很想成交，我第一次带着笔记本坐着动车，去到苏州火车站。第一次以这样的方式交易，就像在电影里看到的情形一样。

到了火车站广场，客户试了试电脑没有问题，从身上拿出3000块钱，我小心翼翼地把钱放到怀里。

这也是我第一次以这样的形式上门做生意，通过互联网将电脑卖到苏州客户手里，赚了 800 块钱。

在毕业后的两年时间里，我一直从事着电脑销售的工作，这事让我学校的任老师知道了。任老师是我职业学校的 C 语言老师，自己也开辅导培训机构，快毕业的时候我在她那学习过五笔、电脑维护两个课程。

后来我才知道，当时任老师经常把我当成一个标杆在她的课堂上讲，说她的一个学生在苏州做电脑生意，做得不错，她的一批电脑就是从他那购买的。

当时任老师需要十几台电脑，我把配置报给她，确认过后我进了十几台电脑，晚上特意把机器清理干净，装好系统。第二天从昆山托运跟车到淮安，下了车我又找面包车转运到任老师办公的地方，给老师安装好。其实这笔生意我是没有钱赚的，但是任老师对我比较信任，那我一定要把这批电脑安装到位。

电脑生意做了两年多时间，我也卖了数千台电脑，因为没有过多的资金，都是在住的小区车库里工作，一边生活一边工作，生意也不是太稳定。有的时候人在外面，客户打电话说要看电脑，我就急匆匆骑着电动车往回赶。卖出去的二手电脑，难免会有这样那样的问题，为了解决客户的问题、安抚客户的情绪，我只能上门给客户维修调试。

在卖电脑过程中因为需要很多广告复印，当时我认识了一个做广告的朋友，他也是在小区租的一个门面，位置稍微靠马路边，每天都会有稳定的生意。

　　有一天，我的这个朋友想去承包食堂，就问我要不要接手他的广告店，我心里充满着期待，但又对未来的很多不确定表示担心！机会摆在面前，怎么能错过呢？经过深思熟虑后我决定接手广告店，当时内心非常开心，终于拥有自己的店了，并且广告也是可以长期干下去的行业。

（四）

**第二次创业，投身广告行业，
从小白到广告行家。
从守店等客上门的传统模式，
到主动出击，
开启网络营销新模式**

　　带着期待踏入了广告行业，从等客上门到主动去互联网上接单，改变了对生意的认知。

　　敢于尝试、敢于突破、敢于犯错是一个人成长最快的途径。

在电脑销售过程中，有一段时间我将电脑小门店取名为"新港科技"，这次我也打算延续之前的名字，希望将这个牌子继续做大做强。于是就将转让过来的广告店名字改为"新港广告"。

因为前店主是本就认识并且聊得来的朋友，除了电脑他要带走外，其他的广告办公设备，全转让给我只收了一万五千元，没有其他费用。因为广告都是从设计到物料成品，也没有进货成本，相对来说投资很小。

虽然店面只有 20 平方米，但用途却不一般，基本包含了生活和工作的功能，睡觉的地方是只有 1.2 米的床，还是一家三口，每次睡觉都只能侧着身。

我接手的第一天，一边是开心一边是紧张，开心的是终于有了一个自己的门店，紧张的是万一客户过来做广告，设计不出来怎么办？我的内心忐忑不安，但也容不得我思考过多。当天就有了生意，是之前的一个老客户，他过来打菜单，并让我现场排版给他看效果。因为当时我的实操机会非常少，设计得又慢又不好看，客户也没留情面，问道："你到底会不会设计啊？"当听到这句话时，我真的是恨不得找个地洞钻进去。

紧接着第二天，有客户过来要修图，我用 PS 搞了半天也没有把图修出来，电脑直接就带不动了，一张图搞了几个小时也没能做好，整个人急得前胸后背湿透了，额头上的汗也是一遍一遍地擦，后来怎么给客户交代的也记不清楚了。

那几天真的是太难熬了，看到客户来很高兴，但同时又害怕。高兴的是，来生意了有钱可以赚了；害怕的是，能否顺利接下单子，能否让客户满意。

记得有一次，我接到客户电话说要设计样本宣传册，客户特意要求我到厂里去，他们老板要把思路当面传达给我，让我现场简单地做效果图，这一次可是丢人丢大了。

说实话，自己一次画册的设计经验都没有，对于设计画册要的是视觉统一、排版合理完全没有概念。在与老板沟通过程中，老板让我把产品的功能特征通过背景效果给衬托出来，我却连一个常见的效果都设计不出来，自己急得满头大汗。从下午开始到天都快黑了也没能设计出一个大概来，当时心里真的想算了，不接这单子了，太难了，但是又不可能临阵脱逃……

" 丢人不可怕，
可怕的是没有机会'丢人'！"

工厂的老板看得也着急了就说："这点效果不可能做不出吧！"

老板看我半天也没做出他想要的效果，不耐烦地去忙自己的事了，让我慢慢设计。但是我设计了半天还是不尽人意，不是人家想要的效果。

为了不浪费彼此时间，老板走过来说："要不这样吧，我们这边再商量一下，商量好了再跟你联系。"为了不让我丢面子，老板委婉地拒绝了我，就这样到嘴的鸭子飞走了。

那次回来后，我就下定决心要学习，一定要提升自己的设计能力。

在哪里跌倒，就要从哪里爬起来，没有人教就网上自学，一边学一边做，遇到实际的问题再去问同行。功夫不负有心人，通过一个月的学习积累，市面上常见的设计我基本可以轻松应对，再也不用担心技术上的问题了。

从谈单到设计修改方案到客户确认定稿再到成品交付，整个流程我应对自如。为了能多赚一点，遇到广告灯箱、发光字等需要安装的，都是自己上门安装。

业务熟练后，我慢慢也就没有了压力，每天单靠上门客户也够做的，旺季的时候一个月可以赚 10000 多元，正常一个月也有大几千收入。

赚的虽不多，但是很满足。2009 年没有微信，也没有抖音，时间感觉是比较长的。白天做生意，晚上看电影，基本网上评分高一点的电影都看了个遍。

这样一干就是三年多，主业是广告，还兼着卖卖电脑，每天的生活都悠闲自在，就是守在店里，有活就干，没活就看看网络新闻看看电影，实在无聊了就骑着电动车逛逛街。

　　一段时间后，我开始有些厌倦这样的平淡，开始问自己年纪轻轻就这样开始虚度光阴了。由于我有过网络营销经验，于是决定把广告业务发到网上，这样客户有需要做广告就能找到我，后来我也会经常接到网上的订单。

　　技术对我来说已经不是什么问题了，但是想要获得更多、更大的订单，除了会设计，还需要资源和人脉。

通过网络，
2010年广告店
单个客户赚10W+

　　对于做了三年多广告的我来说，从小白到熟练的设计师是一个阶段，想要在这个行业里取得更大的发展，这样的经营模式必定会遇到瓶颈。因为意识到了这个问题，我每天感到很焦虑。

　　平时在与舅舅他们聊天的时候，看他们的生意发展得还是挺不错的，他们是做职业培训的，据说一个月可以做好几十万的业绩，还开了几个分校，员工文化素质都比较高，这样的生意做得有面子也更有发展空间。于是我也对培训产生了兴趣。

三、

选择
大于努力

（一）

**不安现状，
满怀自信向培训行业进军。
本以为前途一片光明，
却是困难重重。
在创业路上落下了第一滴眼泪**

对广告行业的前景一片迷茫，我没有团队、没有资金、没有方向，年纪轻轻受不了坐店等客、靠天吃饭的日子。

"吸引力法则"告诉我们，你心里想什么，事情就朝着你想的方向发展。

于是，我又开启了人生中新的征程。

对职业培训产生兴趣后，我想着自己有几年设计经验，是学计算机专业的，对于一些软件操作比较熟悉，还有着多年电脑维修经验，起码有三个课程我是可以把关的。于是我的自信心开始增长，越想越有放弃广告行业的冲动。

我当时对于做培训没有一点经验，但是身边的亲友从事着培训的工作，耳濡目染地对这个行业的经营模式也多少有了点了解，但也只是了解。做培训是个系统的工作，涉及团队、人员分工、营销、资金、培训课件等诸多工作，想要做好不是一件简单的事。

于是我想加盟舅舅他们学校，这样可以借用成熟的经营模式，会少花很多冤枉钱、少走很多弯路。当时他们的培训机构已经做得比较成熟，在张家港、昆山都有分校。我把这想法告诉了舅舅，他也表示同意。

有了想法就立即行动，我马上就在网上发布了转让广告店的信息，没想到的是，第二天就有人过来谈转店的事。因为他诚心要，我价格要的也不高，就这样很快把店转掉了。既然店都转出去了，我只能向前看，没有回头路了，培训是非做不可了。

我考虑到在昆山做培训的话，跟亲戚就变成了竞争关系。

于是我第一站选在了苏州吴江区。我在市中心写字楼、商铺及周边寻找合适的场地，再到周边的工业区了解外地打工者集中的居住生活区，当然也去了当地做得不错的培训机构了解基本情况，我觉得还是不错的。我第一次去只是了解地形和周边情况，第二次去的时候一个角落一个角落地寻找、一个店铺一个店铺地打听。为了了解地形和人群，我都是选择步行，一走就是一天，一天下来脚累得都有些肿了，好不容易在路边找到一个有院子的房子出租，场地大约有 200 平方米，但是租金没谈拢，结果就不了了之了。

第二站我来到了苏州高新区，在网上看到了培训机构转让的信息，过去看了一下，只有五六十平方米，两个教室显得很小。虽然店铺在二楼，但是大门是从院子后门进的，显然是没有优势的。我为了了解培训机构的生意怎么样，决定晚上在附近找个旅馆观察观察。在观察了两个小时后，我接手培训机构的念头就打消了，因为上去的人并不多。除此之外，培训机构也没有什么招牌和宣传，虽然开了有几年了，但是并没有什么成熟的经营模式。

第三站我来到了常熟，在此之前做电脑生意的时候来过一次，不过只是路过。而这一次，我是为了考察选址而来，来之前在网上了解了一下常熟哪里人最多。我先是去市区看了看，并没有找到合适的场地。

除了市区，就是招商城了。培训机构要么选择店面要么选择写字楼，招商城没有像样的写字楼，只有天虹服装城。我毫不犹豫地来到天虹服装城，我这里是服装市场，根据自己创业的资金和实际情况，就定在了天虹服装城的 7 楼，因为场地比较合适，有 100 多平方米，有 3 个现成的房间，有一个前台可以接待。房租是 6 万元 / 年，加上简单装修和电脑桌椅，初次投资在 15 万元。当时我是和弟弟两个人合伙，因为弟弟在张家港做中小学生辅导，他是主要出资者，前期经营管理都是我和张盼老师在负责，也就是我老婆。她之前在证券公司做过销售，我则负责营销和教学。

当我们把前期准备工作都做好后，接下来就是打电话给舅舅，申请加盟并希望他能免费提供学习资料，但问题来了。可能是因为股东不同意，加盟的事儿泡汤了，因为不让我们加盟就意味着我们没有办法借用一套完整的经营方案，当时我觉得很失望，突然之间一腔热情化作迷茫和不安。

因为场地已经确定下来，定金都已经交了，培训机构做也得做，不做也得做，我当时就决定，我们就一步一步来，不蒸馒头也得争口气。

现在的一切都从这一刻开始。

"
最初拥有的只是梦想，
以及毫无根据的自信。
但，
所有的一切都从这里开始 "

为什么要把培训机构定在常熟呢？

原因就是当时常熟只有一个较有规模的培训机构，全国连锁，而且场地很大。我通过考察发现，常熟是有市场的，如果市场不大，别人不可能租一个七八百平方米的门店做培训。当地也有两家老的培训机构，因为经营模式太过传统，处于濒临倒闭的状态。我们选在常熟，不仅没有威胁，而且竞争不大。

2012 年 5 月 29 日这一天，我们一家三口正式踏上了一条通往未知的路，结束了 5 年的昆山生活。我们上午收拾好锅碗瓢盆、生活用品等行李，下午找了一辆小型货车，把所有生活用品都装上了车。

这次创业我没有一点经验，心里更是没有底。花掉了转让广告店的 3 万元加上信用卡欠款，身上就剩 1000 多元，可能一个月的生活开支都不一定够。从还没开始前的信心满满到现在面对现实的残酷，我才发现现实并不是想象的那样顺利，接下来一切都是从零开始，一切都是未知数，未来是充满迷茫、担心和焦虑的。

坐在驶往目的地的货车里，窗外的景色如过往的日子一样一闪而过，车里的空气好像凝固了一样，一路上我们一家也没有交流，我们都在沉思。那一刻，我流下了人生中第一滴无助的眼泪，心情久久不能平静，那一刻的无助和对未来的迷茫，可以说是人生中最难忘的一次经历。

那一刻，注定刻骨铭心，一辈子难以忘怀！

　　总有一段经历，让你刻骨铭心。

　　人生需要经历一次刻骨铭心，才能懂得珍惜当下，才能在辉煌的时候找回初心，不迷失自我。

　　自从踏出学校大门，我就一直在追寻梦想，虽然一路坎坷，充满不确定性，也有过安逸，有过对现状的不满，有过失落，有过无助，所有的压力只能自己一个人扛，所有的辛酸和委屈，没有人看得到。

就算如此，也要义无反顾地奋勇向前。勇气，便是最好的证明。人生本就没有一帆风顺，所有的挫折都要一一经历。

所以，你要尽力争取！

总有一段刻骨铭心的经历，总有一些不堪回首的往事，能让你瞬间成长。这条路虽然坎坷，但你要相信，总有一天，你会收获不一样的幸福，对的人会来到你的身边，对的事也会被你经历，所有的悲伤都会终结，只要你带着希望奔向梦想的彼岸，幸福一定会到来，美好也会如约而至！

（二）

没有退路，
便是最好的出路。
没有选择，
便是最好的选择。
成长是做你以前不会做的事、
不愿做的事、不敢做的事

第一次当老师，第一次做自己不愿做、不敢做的事。

做不擅长的事，人在没有依靠的时候要靠自己。

场地选好了，办公设备、门头招牌都已准备就绪，接下来才是真正难熬的时刻。所谓开店容易守店难，因为培训机构是开在写字楼里，就注定不可能有店面生意，前期不做广告的话一个客户都没有，也就意味着我们必须主动做广告宣传才能有生意。

从开店的那一刻起，我们就线上网络＋线下地推结合，同时发力。因为我们对于线上推广比较重视，开业的第一天就主动找百度营销人员开了百度推广户。毕竟是刚成立的机构，前期没有客户，没有人咨询，半个月时间公司一个客户都没有，那时我们每天早上 5:30 起床，先到常熟各乡镇小区贴广告、拉横幅。早餐就是买两个包子一袋豆浆边走边吃，一圈下来已经是 8 点多了，正好是上班时间来到公司。周末不忙就拎着两大捆宣传单到步行街发，上午发完，下午又是两大捆，预计一天发下来得有大几千张。我每发一张都很开心，因为每发一张感觉就是多了一个机会，一天下来腰都酸得直不起来。

那时的网络营销效果特别好，别人想找一些信息，基本就是用百度、58 同城这样的网站，于是我们就疯狂地发帖子，一个人每天要发120条信息，发的信息越多，客户通过网站看到我们的机会就越大。

为了保证原创度高，每条信息都要用心编辑。发信息不是目的，目的是要让网站收录信息，而且是要在网站第一页显示，这样客户才能第一时间找到我们。我们边发边总结能让网站收录的经验：

第一，信息的内容质量要高，能够满足用户需求，也是网站喜欢的。

第二，提升网站的信用度。

第三，增加优质的外链（说白了，就是朋友推荐的相对更加可靠）。

当然，要想发布更多的帖子，还需要懂搜索引擎优化（SEO）的知识，比如网站标题(title)、描述(description)、关键词(keywords)，关键词密度、带有链接的锚文本关键词有助于提升网站流量，从而增加网站收录的可能性。

当时这些小经验、小技巧给我们的网络营销推广立下了汗马功劳。这些方法和经验在目前也是有效的，作用没有以前大，但是在某些行业如生产加工行业，网络依然是不错的营销渠道，在前几年甚至很多公司的业绩主要来自互联网。

我还有件值得骄傲的事，就是因为做得太好，遭到同行嫉妒和投诉。

在一段时间里，由于我超负荷的工作，每天120条的发帖纪录至今无人能破，以至于网站一打开基本都是我们的广告帖子，这使得我们的招生非常顺利，但也严重影响到同行的利益，让他们受到了很大的刺激和挑战。

不久就有五六个工商局的人过来检查，说有人举报我们无证经营。工商局的人过来一看是正常经营，并且证件齐全，也就没有说什么。

在这期间，我一边做着广告宣传的工作，一边招聘各个科目的老师，前期的工作一直在进行。第三周的时候突然有人打电话过来说要咨询，过来后就了解到她们是在工厂上班，看不到未来，想学习个技能为未来做准备，于是就给她们介绍学设计的前景、展示案例、服务等，我们真是使出浑身解数讲了好久，终于她们报名了平面设计课程，除了这两人当天还有人报一个 CAD 的课程。半个月没有客户，一天就成交了 3 单，非常开心。所以，没有白费的努力，只要肯努力，就会有结果。

之后陆续也有人咨询了，学员虽然不多，但是隔三岔五都有人报名。因为答应的给学员一对一上课，有问题随时问，我们就准备安排老师上课，但是老师哪能说招就能招到的，想来想去没有办法，这时有员工就说："华老师，你上吧！"

钱都收了，总不可能给人家退了吧。

但是真让我站上讲台讲课，我慌了！

长那么大我从来没有站上过讲台，更没有做过什么演讲、培训。因为这两个学员是在工厂上班，安排在周末上课。我还指望着这几天招到老师我就可以不用上课了，焦虑了几天，还是没有办法，只能我上了，真的是硬着头皮上。第一次上课时，手心手背都是汗，紧张到衣服都湿透了。虽然说有几年的实战经验，但是真的讲课还是有压力的。讲课是要以学员喜欢听的方式、理论和实践相结合的教学形式，用学员学得会、易理解的语言表达，要成为一名优秀的讲师是需要一些功底和能力的。

**" 做没做过的事，叫成长。
做不愿做的事，叫改变。
做不敢做的事，叫突破。 "**

自己会和教会别人是有区别的，教会别人才是硬道理。

教了一段时间，学员也没有不好的反馈，我慢慢找到了信心，加之自己过往有一些经验，渐渐变得有点不在乎，于是态度上便有些随意，想到哪里就教到哪里，也没有沉下心来想着如何让学员学得更全面、更系统，也不去了解学员想要学些什么、有哪些更好的就业方向可以引导学员。

随着学员越招越多，客户类型也就越来越多，要求也越来越不一样。有一天，一个学员投诉说不要我上课，要求换老师，因为讲的内容不是他想要的，而且课程讲得也比较随意，和他对平面设计的想象有着很大的差别。

可是没有老师可以换。为了让客户满意，有一个好的体验，我只能根据他想要学习的内容做调整，客户看到我的诚意就不再坚持了。

接下来，"压力山大"的时候来了。

从客户不满意到满意是一个很大的挑战，学员这次的投诉可谓是瞬间把我的自信心打到了谷底。

　　时间紧迫，为了做出不一样的课件，让教学内容更加丰富、更加系统，我每天早上 5:30 到公司学习，学习完后我还要做一遍达到设计效果，确保给学员讲的时候不出错。连续坚持了一个月，我的课件更加系统、更加丰富，要理论有理论、要实战有实战，学完不仅可以去设计公司上班，还可以做美工。

　　这一次的教训也让我深刻明白，要想成为一个优秀的讲师，不仅需要具备专业知识，还需要懂得如何教授别人，知识结构也要全面，并且要考虑到不同学员的需求。

（三）

**在经营的关键节点，
做出最重要的决定。
定位的选择、
战略的选择都将决定企业的未来。
定位"电商培训"，
让公司有了新的标签**

在经营困难期，公司发展要何去何从？

作为企业的创始人，要拥有战略眼光、远见和决策能力。一个成功的老板只有具备战略眼光，才能够看清企业的发展方向和未来的机会。关键时刻选择大于努力。

经营了三四个月后，我们的课程越来越丰富，有设计类（平面设计、CAD、室内设计）、电脑维修、办公自动化，还有外语培训（日语、英语）、学历类等，看上去挺全挺热闹，但课程越多需要的老师也就越多。我每天不是为招学生发愁就是为招老师发愁，招到学员为没有老师发愁，有了老师为没有学员也发愁。

前期 CAD 老师没有招到，我想到上大学时同班的一个同学，他在学校时对于计算机非常精通，在外面设计公司也工作过几年，实战经验很丰富。于是我让在淮安工作的他过来带课，本来他犹豫很久，但是在我再三劝说下，他终于答应过来上班了。我刚开始是开心的，毕竟解了我的燃眉之急，但后来这也成了我的一个心结。

开设 CAD 课程的前两个月还是有几个学员的，大家都很开心，但是从第三个月开始这门课一下子就变得冷清了。由于持续招不到学员，加上课程学费也比较低，我觉得这门课程没有发展前途，为了节约成本，就想这门课程要不就不开了。

由于我当时解决问题和沟通的能力不足，抱着让他少上一天班就能省下 200 块钱的想法，晚上我给同学打电话："你明天要不就别来了吧，现在也没有学员，这门课程就不开了。"同学感到很惊讶。

当初为了让他过来这边发展，我好说歹说，但由于经营不善，最终又以这样的方式让他回去，事后对于自己的做法和跟他的沟通方式我感到非常愧疚。

有不好招生的课程，自然也有好招生的课程，平面设计课程是我在带，学员也比较稳定，学历课程也还算不错。当时淘宝还在上升期，我们也开了一门淘宝课程，请的第一位老师是非师范专业出身，之前也是自己创业，对于教学授课并没有什么经验，更多的是实战经验，他负责教学员运营和一些技巧。开设淘宝这门课程之后，我们第一个月就招了 6 个学员，而其他的课程相对来说就不太稳定，有时招得好有时就很差。但是在做广告宣传的时候单页上都写很多课程，导致赚钱的课程补贴不赚钱的课程，做起来很累，最后一算也没赚到钱。

在做了快一年的时间后，我发现坚持综合性课程完全看不到未来，跟当时的同行连锁教育机构又竞争不过，所以怎么找到我们自己的盈利模式是当时的头等大事。

当时我对于电商的发展也只是一种预感，只觉得在未来它会成为一种趋势，但那只是感觉。虽然一个月招了 8 个淘宝学员，而且学费只有 880 元，即使后面涨到了 1280 元，也还是不足以支撑起一个机构。

想了好久，假设放弃其他课程，那么这么长时间的宣传就白做了，选择终究是艰难的。

关键时候果断的决策也是领导者的一种能力，于是我就在群里发了一个通知，决定放弃最初的主流课程及项目，停止一切招生，只留下淘宝和平面设计的课程。就连利润比较高的报考课程也决定停止招生，这让我的合作伙伴都不理解。

> **"** 学会做决策，
> 是所有管理者必备的
> 重要能力。**"**

正因为当时的那个果断的决定，才有了现在的南天博大。

所谓光聚一点必燃，事聚一处必成。我们第一个喊出"学电商到南天"的广告语，后来同行竞相效仿。而这种看似没有创意的广告，在今天依然有着不错的效果。

也有人说你们的广告看上去没有什么档次。我从来不反驳，回答的永远是"是的"，但这广告给我们带来了可观的效益。

为什么用这样的广告语呢？

我三四年的广告从业经历告诉我——除非做品牌宣传，否则必须就要让客户记得住，因为这是一个注意力分散的时代。

做广告最直接了当的就是，告诉客户你是干什么的！

广告的目的是要让别人记住你，最典型的广告就是，每年都能听到"今年过节不收礼，收礼只收脑白金"，一遍又一遍回荡在耳边，想不记住都难。

为什么脑白金广告能畅销 20 年？那是因为它蕴含的营销逻辑。

广告的秘密

简单重复
直到你吐

广告行业有一个秘密就是："简单重复，直到你吐。"

人生亦是如此，"把简单的事情重复做，做到吐为止。"

这几年也有机构模仿我们的广告形式，效仿我们的品牌包装及广告宣传。比如我们南天博大从 2012 年创立那天起主色调就是大红色，有的同行连公司主色调都模仿我们，甚至公司前台、形象墙、手提袋等都照搬，导致有客户问我们那个机构是不是我们公司的。

有些客户为了宣传产品或公司，海报上内容太多，没有主题。当你想要表达的内容太多时，别人就记不住你，这样的海报就比较失败。有的公司根本没有意识到，为了想宣传其品牌，就放一个公司LOGO 和广告词，其实也是毫无意义。

排版乱的广告

主题不明确

在这里跟大家分享一个我多年从事广告设计和经营培训机构的心得。不能说我们做得多好，更谈不上成功经验，只是我们的客户基本是以做生意为主，自然少不了形象设计和对外宣传。大多数老板是不懂设计的，但是没有关系，只要掌握一些基本的审美和方向，公司在形象设计和宣传上就会少花冤枉钱，并且能提升广告效果。

广告设计六要素

1. 主色不宜杂，纯色为主
2. 颜色不要多，3种最多
3. 主题要明确，一个就好
4. 排版要简约，左中右为主
5. 字体不要多，黑体为主
6. 布局要得体，不宜太满太紧

（四）

经营不善，一度接近倒闭。
管理缺失，员工变竞争对手。
一切的问题都源于不懂管理

面对员工的叛逆，几近崩溃；长期高负荷紧张地工作，没有取得好的成绩，看不到希望；长期的压力和紧张让我身心疲惫；爱人身体不适，心跳加快多次入院。

创业路上一路艰辛，当然也有值得开心的事：2013年买了人生中第一辆梦寐以求的轿车！

经营一年多的培训机构遇到瓶颈，加上同行竞争激烈，2013年在弟弟的建议下和舅舅的机构合并，两个月后却因冲突取消合并。在经营过程中付出与收获不成正比的情况下，我试图转让，最终无人接手。

行业是没错的，市场是没有问题的，电商的前景也是广阔的，但是没有好的经营和管理就能把事情做好吗？显然是不行的。做了两年的培训不温不火，这两年自己都是亲力亲为。

我经常是身兼数职——设计老师、电脑维修老师、办公自动化老师、公司宣传单设计、宣传物料设计、电脑维护维修、发宣传单、招生咨询等，做不完的事，干不完的活，哪里需要哪里搬。

那段时间，为了公司的发展，我会经常出去走走，也会参加一些活动，听听外面做得好的公司老板的分享，这样的分享基本为了宣传自己的公司和产品。

在我们经营了一年时间后，舅舅的培训分校也开到常熟白雪路，离我们的天虹校区只有1公里，距离近，而且营销模式几乎差不多。为了避免恶性竞争、资源浪费，我的合伙人弟弟建议合并经营、资源共享，我们发挥我们的电商课程的优势，他们发挥他们的技能课程的优势，避免重复推广带来的成本增加。在当时经营不温不火的情况下，我犹豫了很久，还是同意了合并经营。

既然合并了办公就在一起了，他们还有其他校区，所以基本不怎么在常熟。他们那个校区的管理和运营就交给我老婆，我还是负责天虹的这个校区。

那么问题来了，校区无缘无故多了一个外人来领导原校区的人员，加上没有管理者的提前铺垫，员工多少是有些不服的。更让人不可接受的是，舅妈每次过来就对张老师的工作指指点点。对于舅妈的这种做法，张老师和我都是无法接受的。于是公司混乱的管理导致员工不知道是听张老师的还是听舅妈的，以至于工作无法开展，甚至部分员工和张老师站到了对立面。公司合并到一起人是多了，但心不齐，劲儿不往一处使。

合作两个月，公司的盈利情况并不理想，管理上存在分歧，价值观也不一致，看不到什么希望和未来。"散了吧，不用合作了吧。"这个想法再一次在我脑海里游荡。

有什么样的想法就有什么样的行动，于是就让弟弟私下跟舅舅提了。所谓强扭的瓜不甜，舅舅也同意了，就这样分开了。

这两次重大决定，是南天博大的转折点，可以说至关重要，关系公司的定位和发展，没有定位的话就没有目标。如果不转型专注做电商，公司就不会有一个清晰的标签，跟同行竞争就没有优势。选择不合并也是明智的选择，因为价值观的问题，管理上存在分歧，在经营上很难同频，如果继续合伙下去结果只会更糟。

关键时刻做决定，是一个老板必须具备的能力。

俗话说，选择大于努力。方向不对，努力就是白费。

这一年在充实、紧张、担心中过去了。

充实的是每天朝五晚九，而不是朝九晚五。大人还好，小孩却要每天早上 8 点送到幼儿园，下午三四点接到公司，就让她自己玩，一直跟着我们熬到晚上下班回家。

对于这样的生活状态，一段时间里感觉到非常压抑，孩子没有带好，生活没有乐趣，事业也没做好。我的老婆还因为过度的精神紧张出现身体不适，经常心跳加快，也没少跑医院。

担心的是每天都有无可避免的开支，生活开支、学校的经营开支，只要有一天没有学员报名就开始紧张，那种压力可想而知。因为宣传力度大了，影响到同行了，同行还时不时地举报我们，消防、工商不止一次来过。学员服务不到位不及时，会投诉，甚至还发生过一次打砸事件。因为淘宝老师回答了其他学员问题，而没有回答这位学员的问题，于是这个学员在言语上对老师进行人身攻击，一怒之下搬起电脑砸向前台。当时只顾安抚学员情绪，事后检查电脑已经损坏，损坏一台电脑倒也无所谓，差点导致我们的员工受伤，让人后怕。

除此之外，员工的不稳定性也让人焦虑。

一个小小的机构，把人折腾得心力交瘁，有人说你们做培训的轻松，就动动嘴。很多干过培训的人都知道，做培训真是个脑力加体力并重的活儿，没有点体力和精力真干不了。

一次回昆山，那是在 2013 年的夏天，顺便经过同学那里，自从离开昆山我们快一年没有见面了。那一次见到了我后非常惊讶地说："怎么瘦了那么多，经历了什么？"我本来就瘦，体重在 130 斤左右，那时估计只有 120 斤。

身体上苦点累点，休息调整一下，都可以恢复，但是精神上的打击可能是终生难忘的。

有一段经历是我刻骨铭心的，当时我们有两个前台，其中一个是理工学院毕业的女大学生，而另一个虽然学历没那么高，但是她非常勤奋，每次安排的任务总是能积极高效地完成。有次我在前台打印东西时，无意中发现毕业于理工学院的那个女生用工作QQ挑拨其他员工一起离职。我非常愤怒，当面指出了问题，她当天就离职了，在那一段时间，还有3个员工相继提出离职，这一下又陷入了没有老师上课的困境，也让我意识到管理的重要性。作为老板，不光要懂技术，还要懂经营管理，只会埋头苦干是远远不够的。

所以，我决定要跳出来，所有的课统一招聘老师来上，而我只负责公司的经营和管理。

在经营一年多的时间里，账面上一看是没有利润的，只够维持开支。我那一年一共就存了 5 万块钱。在 2013 年 10 月 1 日的车展上，我看到梦寐以求的雪弗兰科鲁兹，当时就交了 5 万元首付，贷款买下了。

车提回来的时候，我连驾照都还没有，停在楼下，每天下了班上去坐一坐、看一看、摸一摸。

想想这两年付出得太多，跟收获并不成正比。

又一个想法涌上心头——不想做培训了，卖了吧。

于是就在主流信息分类网站上发布转让培训机构的信息，发布一段时间后也没有人联系。然后又想到做培训的舅舅，就跟他抱怨了几句，做培训太难了，吃不好睡不好还没钱赚，如果有人要，不管多少钱卖了算了。这时他就问："卖了做什么，你想多少钱卖啊？"我说："15 万左右吧。"他说他要考虑考虑，我感觉他有点想接手，但他好像又在担心什么。

庆幸的是，我舅舅也没有接手。想想也是挺后怕，如果真转让掉了，我现在还不知道流落到哪里了。

做培训是挺累的，尤其是以个体户的形式，几乎公司所有的事情都要参与，又要体力又要脑力。在昆山做广告时，哪怕是一天只有

1 块钱收入都是开心的，没有压力的，周末还可以去公园、游乐场、KTV 玩一玩，时不时地和朋友聚个餐。做了培训后，常年都处于焦虑状态，完全失去了快乐。

> ❝ **创业最大的忌讳：**
> **频繁地切换项目，**
> **从来不聚焦项目。**❞

随着工作压力越来越大，工作和生活无法清晰地分开，最重要的是心态发生了改变。由于没有把工作和生活分开，对于工作和事业的理解还达不到一定的高度，导致虽然赚了钱，但是不明白赚钱的意义；对于幸福的理解不正确，即使赚了钱也不开心、不高兴。

这就是为什么许多创业者会干一行恨一行，觉得自己的行业不好，一门心思想去做其他行业。结果往往是凭专业赚的钱，到不熟悉的行业亏进去。

爱因斯坦说过："做任何事情，兴趣是最好的老师，热爱是最大的动力。"

否则，你所做的事情只是被动谋生，不是发自内心的热爱，就是在消耗你的能量和精力。那自然就会变成一种煎熬、一种折磨。

四、/摸索是最大的时间成本

（一）

管理能力的缺乏
令我已经无法领导公司发展。
唯一的办法就是学习成长。
强大自己是解决问题的唯一方法

因为在创业之前只上过半年班，也从来没有在大型公司工作过，我是技术出身，身份转变到管理者后，管理能力的缺失在员工离职事件中暴露无遗。

别人有理由放弃，可以跳槽可以离职。作为老板的你，企业是你的，没有退路可言。

唯一的办法就是学习成长。

员工流失严重，出去几个员工还成了同行，甚至成了竞争对手！

不论这些员工能力怎么样，归根结底是因为公司的发展已经满足不了他们的需求。员工跟着你，要么能赚到钱，要么能得到成长，如果一个都没有，当他们看不到未来的时候，迟早会离开。

能力的不足，让我在经营的过程中，很多时候只能委曲求全。其中开会是最让我头疼的一件事情，因为从学生时代我就内向胆小，上台的时候都会非常害怕。每次在给员工开会的时候，我都会脸红、手抖、腿哆嗦，甚至发言的时候大脑一片空白，紧张到忘记开会的目的、开会的流程和开会前准备的内容，最后完全不知道在说什么。员工表现不好也不好意思当面讲，私下找谈话都还要客客气气的，明明可以一针见血地指出错误和问题，因为不懂沟通技巧，员工并没有意识到问题的严重性，最后都变成了纯聊天。

除此之外，招聘员工也是一个老大难的问题，由于能力不足，气场不够，明明是企业在挑选员工，最后变成员工挑选企业，每次都招不到员工，差的不想要，好的又驾驭不了。

以前招聘的时候没有招聘流程，为了避免尴尬，除了问一些专业的问题，就是聊一些无关紧要的话题，以证明自己在招聘方面是有能力的，其实是自欺欺人。

遇到社会阅历比较丰富的求职者，好像不是我在面试他，完全是他在面试我。求职者一上来就问我："你们公司做了多久了？有没有社保？员工有多少人？有没有饭补、车补？"他把我面试完后来一句：

"我回去考虑一下，考虑好了再跟你们联系。"

开除员工也是令我头疼的事情，担心员工内心会受伤，担心会对公司造成负面影响，担心被投诉。遇到不合适的、工作能力不行的员工，开除了担心对公司有负面影响，不开除损失更大。所以每次开除不合格的员工都得下很大的决心。

对于种种的尴尬经历，唯一的解决办法就是让自己成长，不断提升能力。一个人的能力不是先天具备的，都是通过后天的学习获得的。

66 使我痛苦者
必使我强大 99

在哪里跌倒就要在哪里爬起来。

于是在接下来的几年时间里，我不断学习管理、营销、演说等。

　　慢慢地，这些经营中遇到的问题都可以迎刃而解，经营中的选人、用人、识人也能轻松应对。

　　企业的发展可以说是一个不断解决问题的过程。因此，企业需要那些专注于事的人才。

　　在企业中，有的人把讨领导欢心作为工作的重心，只要领导说好，即使他认为是错误的，也不去反驳。还有的人，尽管工作能力很好，但是太在意领导的评价，听不得重话，情绪波动很大。这些都不是人才的最佳选择。

真正做事的人，不会特别在乎自己的荣辱，而是在乎事情做得对不对。

如果你是一个管理者，当你走进一个团队时，发现没有人在意你，而是更在意手头的工作，不要认为自己被员工忽略了，应该感到庆幸，他们是你真正的同伴。

这个世界上没有十全十美的人，选人的重点在于一个人的关键素质，除此之外的不足，管理者要适当地包容和帮助。

比如，一个人很有大局观，那么他可能不太擅长处理细节；一个人做事很沉稳，那么他可能就缺乏创造力。

选择了一个人的长处，也要学会包容他的短处，这样才不会错过优秀的人才。

在这几年时间里，公司大大小小的职位招聘都由我面试，面试了近千万的求职人员，学习并积累出很多的面试经验和技巧。

首先在面试工作上做好充分的准备。公司有文化氛围的，可以先让人事简单介绍一下公司情况、发展历程，让求职者有初步的了解，才能对求职岗位更重视。初创公司实力和团队还比较小，只要在流程上重视，看上去职业化即可。面试人员在过程中要掌握主动，明确是你在面试求职者，而不是求职者在面试你。

面试流程及标准

一、开场

您好!感谢参加××公司的招聘，请坐。这(几)位是我们的面试官。今天将由我们与您进行一个简单的沟通。首先请您做一分钟的自我介绍。

二、主要问题及参考要求

1.以往工作中您的职责是什么?

从应聘者的描述中可以了解到他的工作能力以及工作经验是否符合公司需求。如果描述不清，那么他的系统性和全面性有待商榷。

2.请讲一下您以往的工作经历。

考察应聘者的语言组织、表达能力，以及是否条理清晰。

3.您以往的工作经历中最得意、最成功的一件事是什么? 您的优势是什么?

从应聘者的回答中，可了解他是注重个人成功还是注重团队协作。

4.您感觉还有哪方面的知识、技能或能力需要提升?

"提升"一词比较委婉，一方面考察其是否坦诚，另一方面也为日后的职员培训提供方向。

5.对于新的工作岗位您有什么设想？如何开展工作？

这涉及应聘者的职业生涯设计，更关于其工作的稳定性。

6.您离职的原因是什么？

这涉及应聘者和组织的协调性。

7.您对薪资待遇、工作环境、团队发展有什么要求？

这涉及应聘者和组织的切身利益。

8.专业问题(由面试官自行准备并结合应聘者实际情况提问，原则上不超过三个问题)。

面试结束后，尽量不要当场决定面试结果，而是在 × 个工作日后安排人事通知面试结果。

这样会让面试者觉得用人单位正规专业，也给自己一个筛选考核的空间。如果觉得对方是公司需要的人才，可以以电话或短信的形式通知求职者。

（二）

坚守培训，扎根电商，实现有房有车的生活。但因经营管理疏忽，培养了很多竞争对手

有人说：成功的路上并不拥挤，因为坚持的人太少了。

做任何一项工作，都有"做一行，怨一行"的可能。

如果有这样的想法，那离转型就不远了，离倒闭也不远了。

唯有转变心态，才能越来越好。

心态正，事业成，不成也成；

心态歪，事业败，不败才怪。

所以创业者只有"做一行，爱一行，专一行，精一行。"

虽然在前两年超负荷工作，付出和回报不成正比，但是想要转行和放弃培训未果后，还是决定安心地做自己的培训。

因为有了前两年的积累，培训机构在 2014 年迎来了转机，学员越来越多，生意也有了很大的好转。随着学员和开班越来越多，场地满足不了需要，于是就在边上租了 80 平方米的一个大教室。

2014 年 7 月份，我在昆山城西购买了一套 89 平方米的房子，让人自豪的是没有家人资助，完全是靠自己双手努力换来的，这也是人生中最值得开心的时刻。

同年，机构越来越趋于稳定，在当地电商培训领域有了一定影响力，也引起了很多人的关注。在这期间，有的员工在工作一年后慢慢就有想出去创业的念头，说明我的管理还是不足的，没有一套晋升机制，也不懂如何留人等。

不懂如何经营、不会团队管理、没有目标规划，一直是五六个人，多的时候也就 10 个人以内的小团队，不温不火，保守经营，公司也无法发展。

有一次招到一个实操能力还不错的男老师，明知道他未来肯定要出去自己干，但是苦于没有老师上课，还是招进来了。果不其然，在工作不到一年后他就选择离职，自己也开了一家机构。

有人说南天是培养同行的地方，很多电商机构跟我们都有关系。

的确，苏州电商培训机构中，很多老师要么是从南天出去的，要么就是来南天"学习"两个月出去干的。

这就是很多创业者要交的学费。

曾有人访问俞敏洪说：假如董宇辉有一天跟你提辞职了，你会怎么办？俞老师的回答是：他本人是开放的，如果一个人在新东方发展，从收入到平台已经受限了，如果他想出去的话，那我们原则上是不反对的，因为新东方是典型的以培养往外输出人才为自己的荣誉的一家机构，有名的人物数出一串来都是新东方出去的。

" 一切都是最好的安排。 "

其实换个角度来看，我们都知道员工出去创业并不稀奇，很多老板在当老板前也都是员工出身，之所以出来当老板，原因虽各不相同，但是出去变成老板的竞争对手，跟公司的管理机制和企业文化一定是分不开的，侧面反映的是管理者在识人用人方面存在问题！

一般出去的员工变成竞争对手后，最容易竞争的就是价格。因为客户需求不一样，总有人追求质量不看价格，也有人只追求价格不问质量，所以公司定位很重要。在南天没有贵的产品，我们努力把价格做到亲民，但最低价的企业是没有办法保障好质量的，企业也无法得到发展。我们是不愿意把价格和品质做得很随意的。为什么这么多年能有那么多学员持续跟随？就是花的费用对得起产品的价值和额外的服务，而不是一味追求价格丢了品质。

我们还是希望各自能做出自己的特色，这样可以让更多群体受益，这对未来也是有帮助的，一味地跟随模仿反而容易被市场淘汰。

创业过程中难免会遇到各种各样的问题，但只要方向是对的，哪怕走得慢一点，慢也是快。

2015 年后，随着招生量越来越多，场地已无法满足教学需求，扩大到了 400 多平方米，课程从原来的淘宝，又增设了美工、摄影等，为了满足客户需求还增设了拍摄的项目。员工也比之前多了几个人，成为 10 个人左右的小团队。虽然学员不是爆发式的增加，但是相对比较稳定。2016—2017 年电商平台拼多多的爆发，又开设了拼多多的课程，招生情况也有不错的成绩。

随着南天客户越来越多，员工也有所增加，我对于经营公司也有了初步的认知，有了做大做强的想法。做出品牌、做出口碑、让员工满意、客户追随是当时的初衷，对外就需要一个品牌商标，于是在 2015 年注册了"南天博大"的商标，通过一年半的时间就完成了注册审核流程，2017 年终于成功下证，从此对外的宣传以及物料等有了正式的 Logo。

"南天博大"的商标名称，也并非是创立时就确立的，而是在发展过程中，为了企业能够做大设立的目标。成立公司时，最初用的名是"南方教育"，不代表任何的意义，只有一个想法，简约好记就好。至于为什么起名"南天博大"？它又有什么寓意呢？

南：向着太阳积极向上

天：敬天爱人顺势而为

博：博大胸怀奉献社会

大：远大抱负争做第一

古代以坐北朝南为尊位，故天子、诸侯见群臣，或卿大夫见僚属，皆面南而坐。《汉书·艺文志》指出："道家者流，盖出于史官，历记成败存亡祸福古今之道，然后知秉要执本，清虚以自守，卑弱以自持，此君人南面之术也。"《易经·说卦传》中有："圣人南面而听天下，向明而治。"

日本著名企业家稻盛和夫一生培育了两个世界 500 强企业，被誉称为当代的松下幸之助。稻盛先生不仅是一位卓越的企业家，还是一位企业思想家，从企业家上升到思想家是他成功之根本。他的经营哲学集中到一点就是"敬天爱人"。

敬天爱人包含有敬畏之心、感恩之心、利他之心！

所谓"敬天"，就是按事物的本性做事。这里的"天"是指客观规律，也就是事物的本性。

所谓"爱人"，就是利他，利他者自利。

在企业中，"他"指客户和员工。

对内成就员工，对外成就客户。

做事合乎道理，以仁慈之心关爱众人。

对企业经营的启发：切勿违背自然规律，顺应时代发展，做时代的企业。

"博"字本义指大，引申指丰富、宽广，又引申指广泛、普遍，又引申指通晓、知道得多。

敞开胸怀才能迎接世界，能做到如此的是胸怀开阔、志向远大、有信仰的人，是有理想有追求的人。

这样的人，自然要在世界上有所作为，成为顶天立地的人。

在中华文化中，有行动力、有作为的人就是《易经》中所谓的"大人"。《易经·乾卦》中有"飞龙在天，利见大人"，"利见大人"意思是有远大志向的人能得到大家的赏识。

2021年我们确定了南天博大的吉祥物，以"牛"作为公司的文化的一部分。

为什么选"牛"作为南天博大的吉祥物？

我觉得自己更像一头老黄牛，虽然比别人走得慢，但从未停下脚步！

牛同时也象征着：坚韧不拔，吃苦耐劳；朴素无华，低调做人；务实笃行，行稳致远。

南天博大吉祥物——牛牛

（三）

抵挡不住电商爆发的诱惑，
各大平台网店开了个遍。
一半欢喜，
一半忧愁

这个世上没有不劳而获，精力在哪里，收获就在哪里。

试错的代价往往是比较大的，也是无情的。当你的才华还撑不起你的野心的时候，就应该静下心来学习；当你的能力还驾驭不了你的目标时，就应该沉下心来历练。

从 2012 年到 2016 年的四年间，公司人数基本不超过 10 个人，业务人员基本维持在 2 ～ 3 个人，靠的都是自己的力量，赚的也是辛苦钱，始终没有很大突破。想要把公司做大做强必须要靠人、靠团队，为了不把想法停留在表面，因此就有了大力招销售员的行动。从 2017 年开始，招了第一位专门负责线下推广的销售，没想到效果非常不错，后面陆续开始招聘销售。

再说说我这辈子做过的一次失败投资。对于投资我非常谨慎，因为天下没有免费的午餐，也没有不劳而获的幸福，如果要投资就得做好亏本的打算。2016 年的时候，虚拟货币非常盛行，一个朋友给我推荐，宣称只涨不跌。在朋友的再三推荐下投了 16800 元，他说他当时投的一股现在涨了快 10 倍，而且想拿出来也方便。在看了他的后台慢慢赚到了钱后，我就决定投入，投进去的钱几天后就涨了，而且是每天涨，刚开始尝到了甜头，也可以取，但是只能取总资金的 10%。在取完第一次钱后，就再也没从平台拿到过钱，平台除了维护还是维护，最后网站也打不开了，再后来国家在全国范围内打击集资诈骗虚拟币行为，投入的钱最终就打水漂了，给我了一个深刻的教训。

投资失败付出的代价就是失去了辛苦赚来的钱，还好我只拿了一小部分试水。有些人拿了全部家当去投资，最后是人财两空，甚至妻离子散，负债累累。

"赚钱就是认知变现，亏钱就是认知缺陷 "

在这几年稳定发展的过程中，有一些积累，自然也少不了诱惑。看到学员从什么都不会到几十、几百、上千的订单，他们都是非常普通的草根出身，每天却能赚上万，年入百万千万，难免心动。于是就想着一边做网店一边做培训，天猫、京东、拼多多都有涉及。

2015 年、2016 年的时候电商迎来井喷式的爆发，我也运营了一个京东店铺，最初一个店铺每天 200 单的销量，而且利润能有 200 ~ 300 元，于是又开了 3 个京东店铺，同时开了天猫店，天猫卖青年装，京东卖中老年装。做天猫店的时候一个人兼多个岗位，甚至客服也当过。但是货源是个非常大的问题，每次不是为发不了货烦恼，就是为没有货发愁。后来竞争变激烈了，货源的供应如果不是源头就不占优势，对于选品来说有些品是否有爆的潜质，除了测品，还要有慧眼。从事多年服装行业的人，哪些衣服流行有爆款的潜质是能看出大概的。

拼多多刚开始爆发的时候，我也第一时间入驻平台，第一次报了官方活动寄了样，活动一上当天狂卖 2000 多单。刚开始是非常开心，一开始供货的老板说货多的是，没想到拿货的时候老板迟迟给不了货，几天时间只给了 1000 多单的货。因为迟迟发不了货，剩下的单只能一个一个打电话让客户退款，很多发了货的也晚于约定时间，过了一个星期，果然接到了拼多多平台的电话，说要冻结平台资金并补缴罚款。

作为一个没有任何货源优势和渠道优势的人，本来培训部门才10个人，还调出去3个人去运营店铺，导致两边都很紧张。网店因为人手跟不上，货源无法及时配合而断断续续，勉强维持。培训部门因为长期缺乏管理，处于放任不管的状态，营销缺乏创新和执行，产品研发不及时，服务团队的服务水平不足，一系列问题让公司陷入了发展的瓶颈。

于是公司管理层包括我意识到问题的严重性，要么放弃培训，全心全意做电商；要么放弃电商，全心全意培训。二选一的抉择又摆在面前，培训是积累了多年的心血，说放弃显然不现实，最终还是一致认为网店告一段落。

走了很多弯路，花了很多钱，也总结了很多经验。

从事培训11年，我的理解是培训不是万能的，但不学习是万万不能的。至于培训能不能出结果，则无法去衡量。有人问："学习完后能不能落地？"

我想说的是："首先你要有地！"

你连基本的条件都不具备，如何谈落地！你说你的产品非常好，但是其他维度都跟不上，依然做不出来；如果你具备其他条件，但是执行力很差，同样无法出结果。

这个世界上最远的距离就是从"知道"到"做到"。

培训只能解决你知道的问题，做到则需要自己执行，执行的过程需要老师去指导和优化。

培训的目的是让大家少走弯路，少花冤枉钱，节省摸索的时间和成本，并不能让大家一夜暴富，凡是想走捷径的往往会吃大亏。

一个人想成功有两点很重要，一要不断地学习，二要不断地执行。

在公司的发展过程中，会遇到各种各样的诱惑。很多学员看到我们有这么多的学员和运营团队，就找到我说："华老师，我们一起合作吧。"然后介绍他们的产品有多好，他们出产品出资金，我们出运营团队，到最后怎么分钱，还是有很大的诱惑的。还有一些学员在他们当地没有专业的电商培训机构，缺乏电商的氛围，也想让当地更多有货源的商家转型电商，甚至看到电商培训这个市场，也想从事培训行业，就找到我们想以加盟的形式合作，或者一次性给我们多少钱，把我们的培训体系复制给他们，或者他们在当地负责招生，我们负责上课……

这些条件的确是有很大的诱惑，但是做生意没那么简单，很多人不了解做生意的底层逻辑。做好电商不仅需要技术，还需要好的货源，即使有好的货源，还需要持之以恒地执行；做好电商培训也是如此，没有产业带的地方很难生存，即使前期招到了学员，后期怎么办呢？

还有就是如果连团队都没有，怎么能把生意持续经营下去呢？

在投资、网店的试错中，我并没让自己损失太多，所以也没有感觉到阵痛，但只有让自己足够地痛苦，人才能觉醒。

（四）

当能力配不上野心时，注定是一场灾难。盲目开分公司赔了50万，投资虚拟币血本无归

当一个人取得一定成绩后，往往会高估自己的能力，而低估长期的努力。

贪婪、不满足是人性的特点，也是人的缺点。

因为贪心，人总想得到更多，野心永无止境，所以，当我们在取得一定成绩后，就要学会克制过多的欲望，否则会带来灾难性的后果。

2018 年狂野的内心又按捺不住了，总想做点更大的生意，嫌自己赚得不够多，一个机构一年几百万业绩太少了，多几个分校，那不是赚得更多？于是就找到一个之前在我们机构做过兼职的老师聊了聊，正好他也有这样的想法，于是两个人一拍即合，那就一起合伙干呗。

分工谈好，我们负责招生，他负责讲课，定位是中高端的电商培训，坐标在离原机构 2 公里内的一座大厦。为了能够租到合适的场地，我们经历波折，和市场招商部的人几轮沟通，投入很多。

场地定下来后，装修很简约精致，看上去也很气派。一共投资了50 万，我出资 40 万，另外一个合伙人出资 10 万，股份是按资金划分，注册了新的公司，申请了新的商标，就这样开启了新的创业旅程。

至于怎么经营，没有具体的策略和方法，说白了就是走一步看一步。前期招生就是一个很大的问题。前一两个月我们就把之前的老客户给挖了一遍，给他们介绍有新的服务，陆陆续续只报了两三个学员。光靠我们自己也不够啊，要想拓展业务量，必须招聘更多销售。团队很快就建起来了，多的时候销售有七八个人，销售当中没有经理，我负责带他们，每天制定任务，目标达不成就惩罚。

但结果是多数情况下完成不了，于是我也跟他们一起接受惩罚。问题出在哪里呢？

新公司新业务，一方面需要沉淀，一方面在执行的过程中是需要方法的。公司没有一套成熟的业务营销流程，也没有复制人才的机制，只是大量招销售是不可行的，失败的可能性大大增加了。

产品方面，对于合伙人来讲，他只关注我们有没有招到人，没有招到人就是我们的问题，他只负责讲好课，他也没有产品营销思维。想要一下子实现高客单价，显然是很难的，应该先从漏斗产品思维开始，从引流产品到常规产品再到利润产品，只有建立了信任，别人才有可能为我们的服务付高价，那时的我们没有营销思维，也没有客户开发的流程等。

在做了两三个月之后，销售们迟迟不出业绩，一方面信心很受打击，一方面没有业绩就没有收入，很多人就相继离开了。

> **" 当你的才华还撑不起你的野心的时候，
> 就应该静下心来学习；
> 当你的能力还驾驭不了你的目标时，
> 就应该沉下心来历练。 "**

最后走得只剩下我们自己人了，迟迟没有进账，还需要支付运营的开支，于是准备跟合伙人沟通工资先不发，等稳定一点账上有钱了再发。合伙人在第一个月没拿工资没有说什么，但第二个月问题就来了，他说不拿工资是不行的，再加上家里人反对，就跟我们提出来，这样合作可能不行。并且他把经营的根源问题推给了我们。

可是，我们不是雇佣关系，而是合伙人，大家都有责任和义务。

的确，带团队不是我们擅长的领域，确实存在做得不到位的地方，但是合作遇到了困难，合伙人便把责任都推到我们这里，而不是一起想办法，共渡难关，这不是我们希望看到的。

因为之前也有合作过，算是朋友，不想因为合伙，就把关系给弄僵了。本应一起承担亏损的风险，我们最后把他投资的 10 万元退给了他。

合伙人是解脱了，我们看似也没有包袱了。

但接下来一段时间，才是痛苦纠结的时刻。

虽然说继续做下去比较艰难，但还是想再坚持坚持。好不容易经营了半年的公司，怎么能说关就关呢？装修还很新，环境也非常好。每天上班就是一种煎熬，想撤又舍不得，不撤又很艰难，更重要的是老校区也没有精力管理，新的公司还处于半死不活的状态。但最终还是怀着不舍和难过的心情，结束了分公司。

当初的一腔热血，最终败给了现实。

这一次的失败让我的内心久久难以平复。

失败不可怕，可怕的是在同一地方再次跌倒，我们必须为失败找到原因，避免以后再犯同样的错误。

"没有过程的结果是垃圾，没有结果的过程是放屁。"这是阿里人常说的一句土话，虽听着低俗，却一针见血地点出了管理的两个重要层面：过程和结果。

它们可以说是管理的两条"腿"，少了哪个，都可能让管理者摔个"鼻青脸肿"。

在传授管理知识的过程中，我见过太多人不亦乐乎地抓过程，甚至忘记了结果的存在，最后落得个"竹篮打水一场空"的下场。

尝尽苦头，精疲力竭，终得一个领悟：没有可复制的流程体系，千万不要开分公司。

摸索才是最大的成本。

五、商业的本质

（一）

企业要想做大，
必须从个体户思维、小作坊思维，
向公司化运作思维转变

掌握企业的发展规律，才能够让企业少走弯路，并长久发展。

企业在不同时期面临的问题不一样，不同阶段所要做的规划也不一样。如果走错了路，必将付出时间和金钱的代价。

老板的学习力在某种程度上决定了企业的发展速度，只有老板带领员工一起学习成长，才能将企业做强做大。

有这么一则故事：

以前有一个楚国人，很会编织草鞋，他老婆善于做白绢，他们想一起迁徙到越国。于是就有人问他："你干吗要到越国去呢？"他说："我做草鞋的技术天下第一，我老婆做白绢的技术也是天下第一，到越国一定能开创另一片天地。"

于是就有人告诫他："你一定会受穷的。"他就问："为什么？"那人说："草鞋是用来穿的，但越国人却习惯赤脚走路，而且大多数时间生活在船上；绢是用来做丝巾的，但越国人却披头散发根本用不到。你们虽然有专长，但迁徙到没有用武之地的国度，想不受穷，这可能吗？"那个楚国人不理睬，带着妻子到越国去了。在那儿住了三个月，他们就悻悻地回来了。

通过这个故事我想说的是什么呢？

即使你有很好的产品、很好的技术，如果放错地方了，也很难卖出去，也很难将生意做大。

富兰克林说："宝贝放错了地方，便是废物。"

其实我们现在生意能做得很好，都是由于时代的便利，与时俱进的企业才能活得更好。

要想生意做好，必须顺应时代发展，不能违背规律，如果我们仍用 10 年前的思维做生意，那肯定会非常艰难。

10 年前做淘宝，很多人都发达了，我们见证了许多"草根"逆袭的故事。

8 年前做微商，很多人也赚得盆满钵满，开上了豪车，住进了豪宅。

3 年前第一批做直播带货的商家，从实体店濒临倒闭做到了电商年入数百万。

在互联网经济时期，通过一部手机、一台电脑就能赚钱。

> ## 创业成功的根本，是从个体思维到企业思维的转变

顺应时代的发展这就是道，只要方向没错，成功就会越来越近；如果方向都走反了，失败就会越来越近。

我们如何才能将企业越做越大？

经营一家企业到底是先做大还是先做强呢？

企业先"先做大后做强，还是先做强后做大"这个问题，归根到底，是一个战略问题。我认为企业应该走"先做强再做大"这条道路。

俗话说得好："打铁还需自身硬""没有金刚钻，不揽瓷器活"。它们清楚地告诉我们，要积极、主动强化自身能力，换句话说就是要提升我们企业的竞争力，比如核心技术、市场、资本运作能力等。只有先让自己成为"盖世无双、天下无敌"的武林高手，才能在风云变幻、荆棘遍地的江湖上确立自己的地位，才可能在未来的地盘扩张

中做到"战无不胜、攻无不克"。很难想象，一群年迈多病、纪律涣散、管理松懈、赏罚不明、战斗力不强、对自己要求不高的军队能成为"虎狼之师"，同样，一个貌似强大、实则虚弱的企业绝对不可能在商场中立于不败之地。

有这样一批企业，成立多年，快速成长，已经具有一定规模和实力。但是它们在发展方向、行业选择、内部规范管理和人力资源建设方面存在很多亟待解决的问题，这些问题已经在很大程度上阻碍了企业的进一步发展，成为企业前进道路上的障碍，如果这些问题不解决，企业将止步于激烈的竞争。

这些问题具体表现为：

1. 战略模糊或不清晰。很多企业走一步看一步，随意性很大，面临重大选择的时候无法做出正确的决策，要么跳入陷阱，要么错失良机；应该重点突破的关键点没有突破，应该具备的核心竞争力或资源缺失。

2. 公司管理流于形式。即便有战略目标，但是往往是得不到落实，或结果事与愿违。老板看在眼里，急在心里。员工工作目标不明确、缺乏量化机制、工作随意性大、执行力差、效率低……

3. 制度、流程建设明显滞后。表现在已有制度、流程有些不符合企业发展的实际需要，有些存在"硬伤"，有些缺失，有些不能得到很好的执行，等等。

4. 团队中官僚主义盛行，督查工作不到位。表现在督查工作重点不明确，只检查一些如卫生、员工是否戴胸卡等简单、基础、低价值的内容，而真正重要、价值大的内容，如管理计划、机制、制度和流程执行情况，员工的不良工作习惯、方式、作风等不能触及，形成了"你好、我好、大家好"的默契，没有人愿意得罪人。

5. 存在不好的企业文化。有一部分员工，工作安于现状，缺乏进取动力，对变革缺乏热情，对新生事物予以抨击，对上级部门工作不配合、不支持，消极应付，甚至对推动变革的人进行劝阻，对下级员工疏于管理和培养，为了维护自己和小团体的既得利益，不惜成为公司进步和发展的绊脚石，说一些不利于公司进步和团结的话，做一些不利于公司进步和发展的事，自以为是，顽固自负，总是摆出功臣的样子。

6. 人才队伍尤其是高素质和高水平的核心骨干缺失。企业的竞争归根到底是人才的竞争，如果在人才的选用育留工作上没有起色，就会被竞争的大潮所淘汰。

7. 公司的执行力不强，竞争力弱。因为上述多个原因的存在，导致公司执行力不强，工作要么不到位，要么错位，要么缺位，有的事情没人做，有的人没事做，该做好的事情没做好，该做的事情没有做，部门之间的配合及协作较差，存在空白地带和交叉地带。

所有的企业都要有很强的危机意识，要时刻提醒自己，必须加强内功修炼，向管理要效益，越是外部环境变差的时候，越要下定决心把企业管理做好，这样才有胜出的希望。

总之，在未来较长的一段时期内，做强自己应该成为很多企业工作的重点和主旋律。

只有先做强，才能考虑做大。

第一阶段：0~100万　　　专注销售　　【做成】

创业期：家人朋友，可信任，肯实干。

营业额在0～100万，企业只需要专注销售，专注市场，以最快时间最少成本拿到利润，先把事情做成。

第二阶段：100万~1000万　　关注营销　　【做强】

成长期：家族化，强调纪律性、组织执行力。

营业额在100万～1000万，企业要关注营销，关注市场与品牌的建立，开始筹划渠道。如果产品高端，不能很快创造利润，那么务必培养自己的现金流产品，用于支撑整体运作。

第三阶段：1000万~5000万　强调系统　　【做大】

发展期：引进人才，充分利用其丰富从业经验与人脉资源。

这个阶段需要重视公司系统化、规范化，去家族化！引入外来人才，吸收外来优秀的经验与人脉。但切勿让人才一上来就担任重要的岗位。

第四阶段：5000万~1亿　　强调标准化　　【做稳】

规范期：聘用专业的职业经理人补不足，清死角，理细节。

企业进入规范期，就过了"船小好调头"的阶段。需要提高抗风险意识。清理与企业文化不符、工作能力差的员工，就是整理破窗的过程！

第五阶段：1亿~10亿　　做平台　　【做久】

稳定期：储备干部，造血，自给自足；入良性循环。

搭建企业人才梯队、成长平台，储备优秀干部！关注人才成长过程，优化选择人才流程，切勿让企业陷入无大将可用的境地。永远都有储备人才。

　　企业想要永续经营、基业长青，就要搭建平台，就要考虑自己的上下游厂商、合作伙伴、公司团队，还有消费者；就要整合思维，让平台上的每一个伙伴都能得到成长和收益。

　　2016 年 6 月开始，我进入了疯狂学习的阶段。

　　当时分公司已经做了半年，学习的时候一边学习一边导入一些机制，但是毕竟做企业需要从多个维度下功夫，不可能立马见效，于是 2018 年年底就把分公司关了，这也让我意识到问题所在。2018 年年底，我就下定决心专注专注再专注，开始打造团队，服务更多学员需要团队，开发好的产品也需要团队，2018—2019 年我几乎每个月至少学习 1 ～ 2 次，学完后回来落地。

　　疯狂地学习归来后，自己的能量得到很大的提升，个人能力、管理能力也有很大的成长。并把学到的很多方法和机制逐步落实到公司，并得到了很好的反馈。

　　除此以外，也带着团队一起学习成长。企业要想做大，股东、核心骨干必须共同进步，否则就很难落地。火车跑得快，也不能全靠车头带，只有节节都有动力，才能跑得又快又稳。

　　因此，那几年我和我的团队在学习投资上花费不菲。

　　一个创业者，只有不断地学习，才可能立于不败之地。

　　纵观国内外的商业大佬、中小企业老板，真正能够把事业做大的，无一例外，学习一定是贯穿他们一生的。

　　因为自己有了坚持学习的意识，并不断执行落地到公司，所以我也成了学习的受益者，在 2019 年公司实现了飞跃性的突破。

（二）

没有强大的团队，
再伟大的梦想，
都只是空想。
明确企业使命，
打造一支可复制的团队

　　老板的认知就是企业的天花板。

　　如果一个企业的老板没有目标和规划，这个企业注定也吸引不到人才，实现不了目标。

　　老板想要实现梦想和目标，就要打造一支强有力的团队。

为什么企业要有使命、愿景、价值观？

我们都知道，《西游记》中唐僧西天取经的故事。

唐僧为什么可以当老大？唐僧有什么能力？妖怪在他面前他都看不出来，猪八戒好歹曾经是天蓬元帅，沙和尚任劳任怨，白龙马还能驮人载物，唐僧只会念经。但是唐僧的厉害之处就是，这个团队是由他领导的。

为什么他在取经路上遭遇九九八十一难依然目标坚定，毫不动摇？

因为他有使命，他的使命就是，要到西天取得真经。

他立场很坚定啊。

他是一个身负使命的伟大领导者。

我们企业也是一样，不论大小都要有使命，也就是要有方向。

为什么呢？

因为对内要同步，对外要寻求认可。我们常说，当企业拥有使命、愿景、价值观时，它才是一个完整独立的生命。

那么使命、愿景、价值观这三者有什么关系呢？

公司的发展就像是爬山，我们什么时候能走到山顶？

在准备出发之前，我们首先要明确"我们为什么而存在，我们要做什么"，这就是我们的企业使命。

使命回答了企业是为解决社会问题而存在的，如果没有使命，公司就无法明确经营的意义。

山顶就是我们共同的企业愿景，让团队知晓"我们要去哪里"，作为团队共同努力的目标和方向。或者可以理解为，短中期发展目标叫目标，长期发展目标叫愿景。

在爬山的过程中，我们要"秉持怎样的态度"，以及面对意外状况时如何处理，这是我们的核心价值观。爬山可能面临天气环境恶劣、资源不充足等困难，团队如何积极应对挑战，这是"吃苦耐劳、不畏困难、勇于挑战"精神的体现。

企业的使命、愿景、价值观，构建了企业文化的模型。

不管公司大小，老板要让员工了解企业的使命和文化。

在我一开始创业的时候，觉得"企业文化、价值观、愿景、使命感、梦想"在业务、房租、工资、水电费等现实问题面前，显得毫无意义。

后来我看到一位作家的一句话，才慢慢意识到它们的价值。这句话是：

看不见的风景决定了看得见的风景。

当企业发展到一定阶段时，就要有清晰的使命、愿景、价值观了。

而企业使命、愿景、价值观的体现，都需要一支强有力的团队。如果没有团队，老板有再伟大的梦想也只是幻想一场。

一个人若想成功，要么组建一个团队，要么加入一个团队。

刘邦为什么能网罗英才，从一个平民一跃成为大汉王朝的建立者？

话说在刘邦击败了项羽之后，曾经摆酒，宴请诸位大臣。

酒过三巡，刘邦问了一个问题：

来来来，各位，你们都说说，我何以得天下？项羽何以失天下？

众臣纷纷回答，但是显然都没有抓住要领。

刘邦摇头说，我之所以有今天得益于三个人：

运筹帷幄之中，决胜千里之外，吾不如张良；

镇守国家，安抚百姓，供给军饷，粮草不绝，吾不如萧何；

统百万之军，战必胜，攻必取，吾不如韩信。

这三人都是人杰。

所以，一个人要想成功必须要靠团队。

在这个瞬息万变的世界里，单打独斗者的路将越走越窄；选择志同道合的伙伴，就是选择了成功。人因梦想而伟大，因团队而强大。

一个企业想要健康发展，必须有一个团队的支撑。企业人才管理有三大痛：

缺失之痛——招不到、选不出（招不到人）

企业有好的岗位，但是对外开放招不到人，想要从内部提拔，却发现没有合适的员工。

这样看好像是缺人才，但是研究会发现，其实是内部的培养机制没有建立好。只有企业内部建立了科学有效的人才生产线，才能够把刚及格的员工培养至 80 分，把 80 分的人才通过流水线去复制。

流失之痛——留不住、淘汰高（留不住人）

招到人不是根本，留住人才是。企业人才流失主要体现在人才的离职率和淘汰率。

人员的流失必然给企业带来成本的增长，这些成本不仅包括招聘费用、在职培训等明显的支出，也包括失去对接客户的损失、岗位空缺的时间成本等。

一家企业长期经历人员流失之痛，最终结果必定是因"失血过多"而亡。

因此，建立人才生产线，才能持续发展，同时也是企业的头等大事。

迷失之痛——干不好、跟不上（迷失方向）

这一痛点主要表现为企业快速发展，员工却原地踏步，尤其是创始团队中担任核心管理岗位的人员，无法胜任岗位工作，干不好，还跟不上。

> **没有强大的团队，
> 再伟大的梦想，
> 都只是空想。**

2018 年的时候公司就大力招聘销售，前期招过来的人，有很多干了两个月没有出成绩，就相继离开了。如何能够把人给留下来呢？我们开始学习团队管理，新人过来是没有安全感的，所以必须给予关怀，要给他们培训公司的企业文化，以便他们了解公司的实力和市场前景；还要有师徒机制，以前为什么没有把师徒机制执行下去呢？

这是因为没有利益驱动的机制。

如果师傅想要晋升，那必须带 2 个徒弟出来，否则就没办法晋升，没办法晋升就做不了更高的岗位，自然也就赚不到更多的钱。

除了在规则上有这样的标准，在利益分配上也会有绑定。在徒弟出师之前，徒弟但凡做出业绩，师傅可以从徒弟的业绩中分到提成。等徒弟出师了，就跟师傅没有关系了。

此外，有些员工工作的内驱力不足，执行力比较差，往往有以下五个方面的原因：

1. 不知道干什么，公司没有合理的制度和目标。

2. 不知道怎么干，员工培训不到位，或者领导指挥不力。

3. 干起来不顺畅，公司的沟通有问题。

4. 不知道干好了有什么好处，奖励制度不合理。

5. 知道干不好没什么坏处，公司的惩罚机制不完善。

总的来说，这一切都是管理者的问题。

如果员工不知道干什么

员工不知道干什么，那就是工作职责不清晰，需要领导者针对不同岗位制定工作职责，并且员工制定工作目标。

如果员工不知道怎么干

这个是很多公司存在或者容易忽略的问题，员工招过来大多数没有系统培训，让员工在不具备专业技能的情况下直接上手，一方面可能会导致丢失客户，一方面也会降低员工的成才率，严重的还可能有损公司的形象。

员工培训是公司发展的力量源泉。

培训也是一个系统性的工作，要想让员工的能力得到全面提升，就要把培训当作人事后勤的一个重点去抓。

一般的餐厅培训，往往是老总培训店长，店长培训领班，领班培训员工，经过层层传递，最后效果离最初的目标和理念可能相差甚远。

但是海底捞却成功搭建了一个培训体系，从初级员工、中级员工、领班到大堂经理，每个级别都有培训。

海底捞的新员工是由片区人事部负责统一招聘、集中培训，在系统内挑选一名最优秀的培训人员做培训工作；对于中层，如大堂经理的培训，主要通过考核制度，学习更高一层的技能；对于管理者，如店长的培训，则要求他们必须将门店内 45 个岗位全部都通晓。

新人培训计划

培训时间		培训内容
第一天	上午	行业的发展、公司的发展历程、企业文化
	下午	公司产品介绍
	晚上	熟记企业文化
第二天	上午	淘宝、拼多多课程介绍
	下午	抖音、快手、美工、摄影介绍
	下午	百万年薪销售四部曲
	晚上	分享业务技巧及公司成长史
第三天	上午	当面咨询成交技巧
	下午	微信营销及线上成交技巧
		线下市场销售技巧
		市场陌拜技巧
		当幸福来敲门 / 结果为王
	晚上	熟记咨询技巧，结合咨询流程演练
第四天，正式入部门上岗，拜师		

员工干起来不顺畅

如果士兵在前线打仗，后勤供给跟不上，通信中断，请求支援但是指挥部没有反应，负伤后得不到及时的救治，那士兵的战斗力显然会受到很大的影响。

比如在公司的审批流程中，2000元的促销费用申请要给经理批，经理批完总监批，总监批完副总批，副总批完财务批，财务批完老板批。结果总监出差耽误了，副总出差又耽误了，1个月后这笔钱终于批下来了，但是错过了最佳促销时机。长此以往，员工的热情被消耗，慢慢地就变得不主动做事了。

员工不知道干好了有什么好处

在公司内部要设计一些激励机制。好的激励是清晰可算的，如果员工很难算出来下个月能拿多少奖金，需要付出多少精力，这样的激励机制会大打折扣。

员工知道干不好没什么坏处

知道干不好没什么坏处，源自三个方面：一是没有评估；二是考核指标不明确；三是处罚不重或没有处罚。

当然，如果方向和方法都有了，还是不会干、干不好，那就是选人的问题，同时也要设立淘汰机制。

一个好的机制能让差员工变好，一个差的机制能让好员工变差。

当然，企业经营管理中，人才的招、育、留都是不可或缺的，要想经营好企业，一定得有全局思维，而不是点的思维。

（三）

成就团队，
才能成就自己。
学会分钱，
比赚钱更重要！

给员工希望，让员工看到未来。这就需要设计一套组织架构和晋升机制，让员工充分贡献自己的才能。

分钱是一门学问，也是一门艺术。

工资发不好，员工容易跑；股权分不好，企业容易倒。

如何合理地发工资激励员工努力干？如何用好股权让骨干拼命干？

进一家公司上班，很多人看中的是能不能赚到钱，公司氛围好不好，有没有实力。

其次就是自己面试的岗位有没有发展空间和晋升的机会。

我们刚开始创业的时候，没有这些机制，所以招过来的人都没有什么太大的追求，很难推动公司发展。

如果公司没有一套组织架构和晋升体系，是吸引不到人才的。

所以公司一定要有自己的组织架构。

组织架构的重要性：

1. 不管公司大小，如果没有组织架构作为支撑，在业务调整、岗位确定、人员安排等各方面都会不方便，有些工作甚至无法推行。

2. 组织架构是公司开展相关业务的基础。就像盖房子需要先有地基和框架，之后才添砖加瓦，组织架构对于公司而言就像是房子的结构支撑，没有稳定的结构框架，房子就不结实。

3. 有了组织架构，公司就可以划分业务，然后确定具体的部门及岗位职责，明确岗位数量和人员需求，做好定岗定编，后面就是进一步完善各种制度和流程，确保部门内业务流畅，部门间业务沟通顺利。

4. 有了组织架构，老员工清楚自己的位置和要求，新员工能够快速了解公司的规划和部门划分，便于尽快了解公司情况和后续的工作开展。

总体上，组织架构作为基础可以延伸出很多的东西，对细化管理是有很大帮助的。

不是企业做大了才需要组织架构，而是没有组织架构不可能做大。

有了组织架构，员工会了解公司的团队分布、员工的晋升通道，他们会清楚地知道自己在什么位置，至于如何晋升，也需要一个考核的标准，要有一套晋升的机制。

晋升机制是指规定员工晋升的条件、方法与流程等的制度。

南天博大集团组织架构图

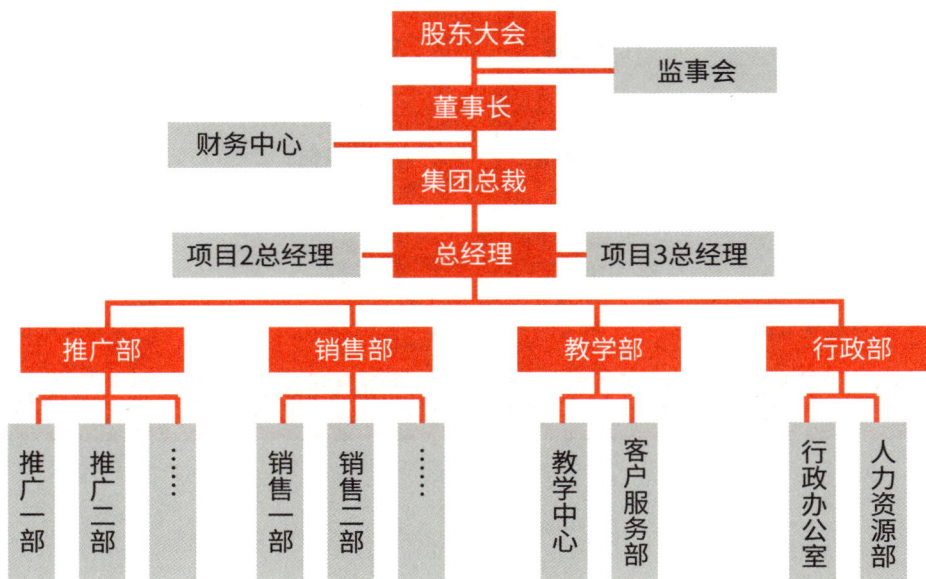

南天博大员工晋升通道

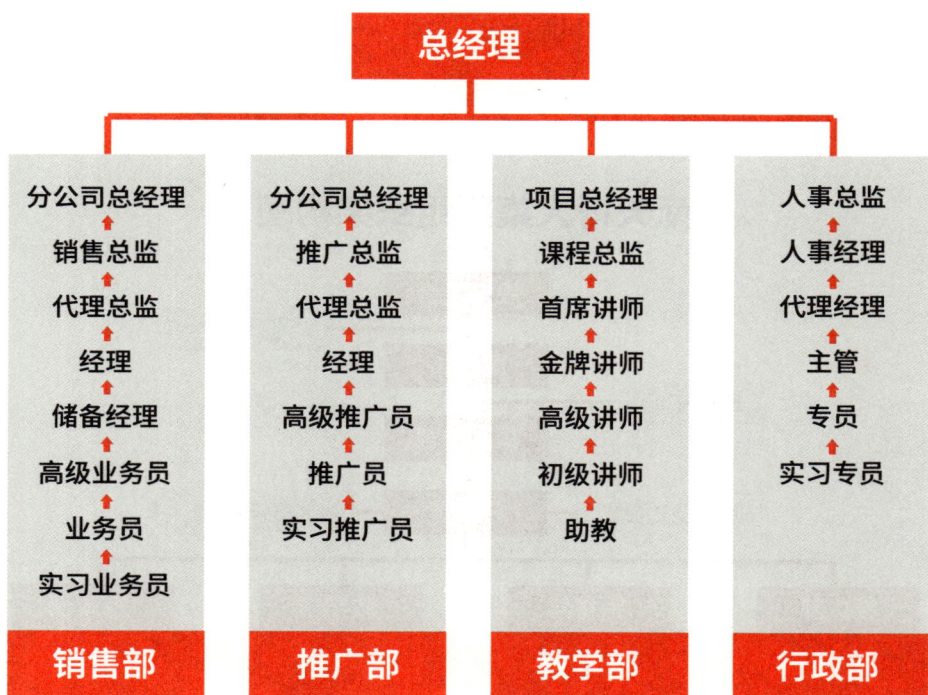

总经理

销售部

分公司总经理
↑
销售总监
↑
代理总监
↑
经理
↑
储备经理
↑
高级业务员
↑
业务员
↑
实习业务员

推广部

分公司总经理
↑
推广总监
↑
代理总监
↑
经理
↑
高级推广员
↑
推广员
↑
实习推广员

教学部

项目总经理
↑
课程总监
↑
首席讲师
↑
金牌讲师
↑
高级讲师
↑
初级讲师
↑
助教

行政部

人事总监
↑
人事经理
↑
代理经理
↑
主管
↑
专员
↑
实习专员

南天博大销售部晋升机制

职位	薪资	晋升业绩及团队要求
总经理	底薪7000+团队3%+公司股权分红 （实际年收入 70 万）	连续两个月完成团队120万团队业绩 带出一名总监和一名销售经理，并通过综合考核及面试
销售总监	底薪5000+团队提成2%+奖金 （实际年收入约 50 万）	连续两个月完成团队60万团队业绩，并通过综合 考核，带出2名销售经理和一名储备经理
销售经理	底薪4000+团队提成3% （实际年收入约 30 万）	连续两个月业绩在10万以上,并通过综合考核， 带出一名储备经理和一名高级业务员， 并当月团队达成全额底薪
储备经理	底薪3500+提成 （实际年收入约 20 万）	连续两个月出单业绩在8万以上 带出一名高级业务员和一名普通业务员并通过面试
高级业务员	底薪3300+提成 （实际年收入约 10 万）	连续两个月出单业绩在5万以上 通过面试考核即可
业务员	底薪3000+提成 （1500+1500+ 提成）	由实习业务员培训3天并通过产品介绍 及考核，成为业务员

经理团队考核：团队人数不低于 6 人，团队业绩 30 万（团队成员业绩）；职责：帮助团队提升业绩、帮助成员成长；薪资构成：底薪＋提成。

企业管理必备三图：

组织架构图、员工晋升通道图、晋升机制图。

有了企业管理的这三张图，员工就是自己为自己而干，干到什么程度拿多少钱。

此外，老板想要赚更多钱，还要学会分钱。

为什么说分钱比赚钱更重要？

我经常讲一个案例，如果你一个月做 200 万业绩，但是我通过一些方法，帮助你多赚 50 万，你愿不愿意分我 10 万？这个时候很多人说是愿意的，不要说 10 万，分你 20 万都可以。

对于老板来说，分钱是一种境界，也是一种格局。

老板一定要会发工资，会发工资只是最基本的能力。优秀的员工除了拿到工资，还需要获得更大的收益，这就需要设计公司分红的机制。

薪酬，由薪和酬组成。在现实的企业管理环境中，往往将两者融合在一起运用。

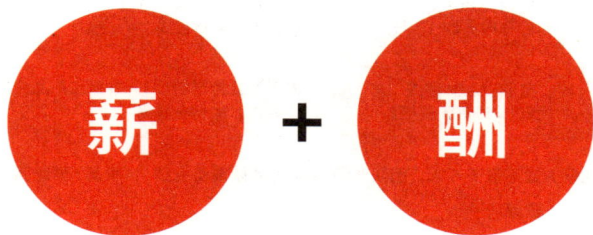

薪，指薪水，又称薪金、薪资，所有可以用现金、物质来衡量的个人回报都可以称之为薪。也就是说，薪是可以数据化的，我们发给员工的工资、保险、实物福利、奖金、提成等都是薪。做工资、人工成本预算时，我们预计的数额都是薪。

酬，指报酬、报答、酬谢，是一种着眼于精神层面的酬劳。有不少的企业，给员工的工资不低，福利不错，员工却还对企业诸多不满；而有些企业，给的工资并不高，工作量不小，员工很辛苦，但很快乐，为什么呢？究其根源，还是"酬"出了问题。

我们常见的工资形式就是底薪＋提成，此种薪酬模式相对于固定薪酬，具备更强的激励性，因为能通过多劳实现多得。尽管如此，底薪＋提成的模式也有利有弊。

不同结构的薪酬组合具有不同的优缺点。

①低底薪＋低提成

优点：公司成本负担低

缺点：活力低，招人、留人难

②低底薪＋高提成

优点：活力高，企业承担的成本风险也较低

缺点：对一些需要培养新人、开单周期较长的企业而言，新人易因长期未开单收入低导致人才流失

③高底薪＋低提成

优点：员工有较充分的安全感

缺点：活力低，易养懒人。由于提成低，导致激励性较弱，再加上有较高的底薪作保障，容易令员工停留在舒适区

④高底薪＋高提成

优点：高底薪员工具有较高安全感，高提成具有较强激励性

缺点：由于高底薪，员工压力较小，容易养懒人，企业可能将承担较高成本风险

⑤零底薪＋高提成

优点：企业的成本负担低

缺点：由于零底薪，员工的稳定性较弱，不利于人才培养和团队的发展

我们在十几年里，不断优化总结出一套薪酬机制。

基层：工资绩效奖金制

中层：工资绩效分红制

高层：工资绩效股份制

绩效工资

绩效工资又称绩效加薪、奖励工资，是以实际的、最终的劳动成果确定员工薪酬的工资制度。主要有业绩考核制、行为指标考核制等形式。

绩效工资的核心是以结果为导向，保障企业的效益以及考核员工的能力。

以主播岗位为例：

4000 元固定工资 +2000 元绩效工资 + 提成 1%

绩效指标为：满 10 万销售额，绩效为 2000 元。

如果该主播做了 10 万业绩，其工资为：

4000 元固定工资 +2000 元绩效工资 +100000 元 ×1% 提成 =7000 元

这里需要注意的是，不管做多少业绩，提成还是正常拿，只是绩效有浮动。

薪酬设计中容易遭遇的十大陷阱，分别是：

1.叠加提成陷阱

很多公司不断给员工高提成，例如员工销售额达 10 万，就给 5% 提成；销售额达到 20 万，就给 10% 提成；销售额达到 100 万以上，就给 50% 提成。

这样的操作只会导致员工成本越来越高，企业利润越来越低，企业无法存活。

2.同级同薪制陷阱

就是同一级别的员工工资都是一样，例如人事经理、销售经理都是底薪 2000 元，绩效 3000 元。

同级同薪缺乏对员工的激励性，难以体现员工的价值差异，不利于人才吸引和留存，阻碍组织效率提升，模糊员工绩效评价体系，使企业无法合理分配人力资源成本。

3.达标才发提成陷阱

很多公司为了让员工达到目标业绩，会规定完不成目标业绩就没有提成。导致员工都认为公司变相扣工资，同时业绩无法突破，也无法留住员工。

4.经理只发团队奖陷阱

就是管理层只有团队提成、团队奖金，没有个体提成及奖金。会导致经理下面的员工收入都比经理高，所以没人愿意当领导。公司团队无法起来。

5.固定薪酬制陷阱

有的老板对员工没有任何考核，直接给股东的薪酬，不管是销售岗位还是行政岗位。这是错误的，只会养一堆懒人。

6.薪酬直接转绩效陷阱

考核指标不量化、不科学，员工完不成绩效考核就扣工资，只会提高员工的离职率。

7.无限工龄制陷阱

不用员工的工龄来定工资，导致干一样活的老员工和新员工工资是一样的。员工怎么可能会有动力？

8.领导限薪制陷阱

限制各个中心、各个部门的领导薪酬，直接发放固定的年薪，导致重要管理者没动力，团队没有创造力。

9.年底红包制陷阱

平时月薪2000元，年底直接给5万元，错误地认为这样能绑定员工，但员工没有积极性。

10. 私下给红包陷阱

这是最为不公平的处理方式。

在薪酬方面，我们要针对不同的岗位设计薪酬，否则可能会导致员工没有积极性，或者增加公司的运营成本。

在薪酬设计中也要权衡公司和员工之间的利益关系。

中小微企业在本着"存在即合理"的原则下，设计薪酬体系一定要结合公司的实际情况，遵循"多劳多得，按劳分配"原则，真正实现老板解放，员工绽放。

对内
成就同仁

（四）

打造好产品体系，
让客户受益。
唯有成就客户，
才能成就企业

　　不管是线下商业还是电商，都是以产品为背景的，产品是基础，有好产品才有后面的一切。

小米公司联合创始人黎万强说过："产品是1，营销是0。"对于这句话可能每个人有不同的观点。

首先，我们来看看，什么是营销。

其实，在产品开发的时候，营销活动就已经开始，产品是营销中的一环，只有好的产品才能满足人们的需求。有位广告大师曾经说过，如果产品不好，好的广告只会加速产品的死亡。就是说，你的产品不好，知道的人越多，你的负面消息就越多。

在营销当中，产品无疑是最重要的。回过头来，我们再看黎总说的那句话"产品是1，营销是0"，我觉得他只是在强调产品的重要性，将其单独拿出来跟营销比着说，有不同意见者可能是因为没有将产品开发算到营销活动当中。我认为，更加准确地表达应该是：在市场营销活动中，产品是1，其他是0。当产品做好的时候，1后面就有很多0。

2019年前，我们致力于淘宝、天猫、拼多多等电商平台的课程培训，据不完全统计，培养出超过30000名电商创业者。

2019年也是公司的一个转折点，短视频直播真正的崛起就是在2019年。在2018年、2019年开始关注抖音，对于趋势的把握非常及时，在抖音还没有商业化时我们就开始学习研究。当嗅到抖音电商未来会成为一大电商主战场的时候，我们在2019年5月份开了第一场短视频带货课程。慢慢地，抖音推出自己的电商平台抖音小店，年底开发了直播带货的功能。

　　我们最初的 1.0 版本只是"短视频运营班"，主要以短视频定位、短视频拍摄、内容营销、文案策划、涨粉、短视频挂车的单一变现模式为主，后来 2.0 版本"短视频直播带货"为主导的时候，课程开始升级，以围绕账号运营、短视频、直播玩法为主。

　　如今发展到 3.0 版本"直播电商策略班"等系列课程，在抖音电商越来越多的商业变现玩法中，更细分、更系统，可以满足不同商家、达人的需求。

新电商盈利

直播　短视频　商城　私域　商业IP

人货场匹配　硬件配备　场景分类　竞品分析　产品塑造　货品排序　人设影响力　运营能力　主播能力　公司引流　社群　门店场景　朋友圈　老客裂变　攻心文案　朋友圈包装未　人设背书法　品牌包装　客户见证　产品设计　新人体验　活动营销　追销策略　VIP大客服务

人设定位　产品定位　变现模式　账号搭建　文案　拍摄剪辑　涨粉技巧　数据分析　破播方法　精准营销　店铺布局　核心措施　商品优化　造景装修器　体验式直播　视频内容带货　内容带货　五大流量获取方法、引流方法、留存方法、裂变方法　市场调研　精准引流　线上、线下优势、好处、价值、标签　客户长期价值变现　寻找、设计、匹配赛道　提高转化率　如何卖课　如何卖货

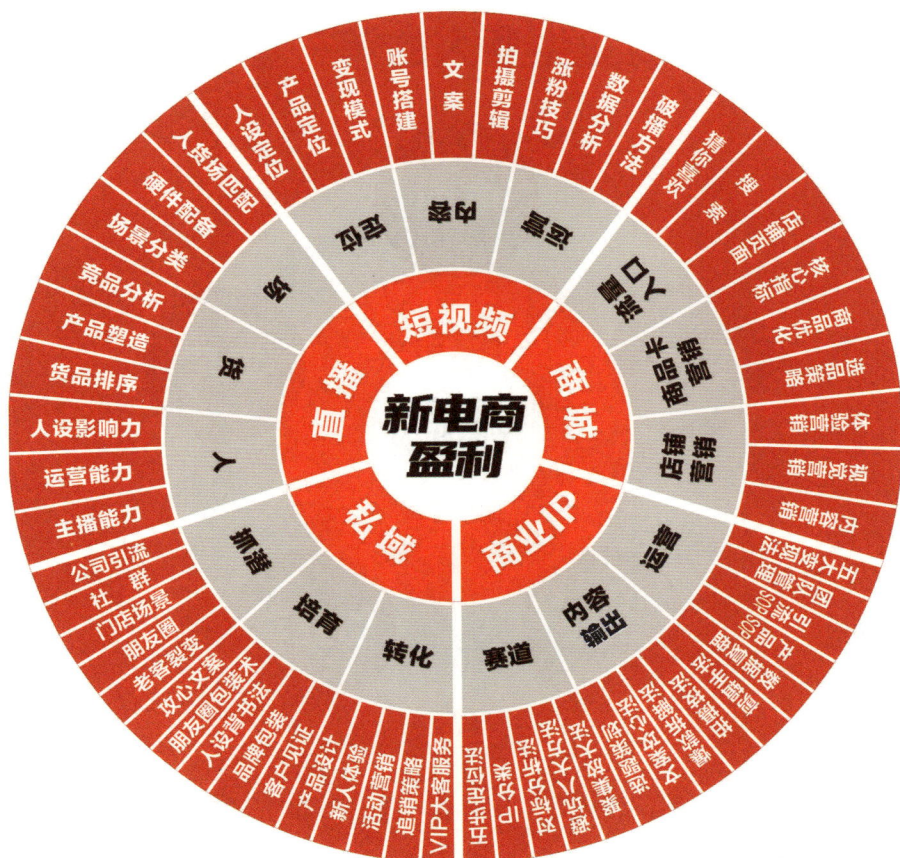

3.0版本课程
"新电商盈利"

经过多年的课程打磨，公司形成了一个爆品课程"新电商盈利"，吸引了全国超 5 万名商家前来学习。

新商业生意人的第一堂课

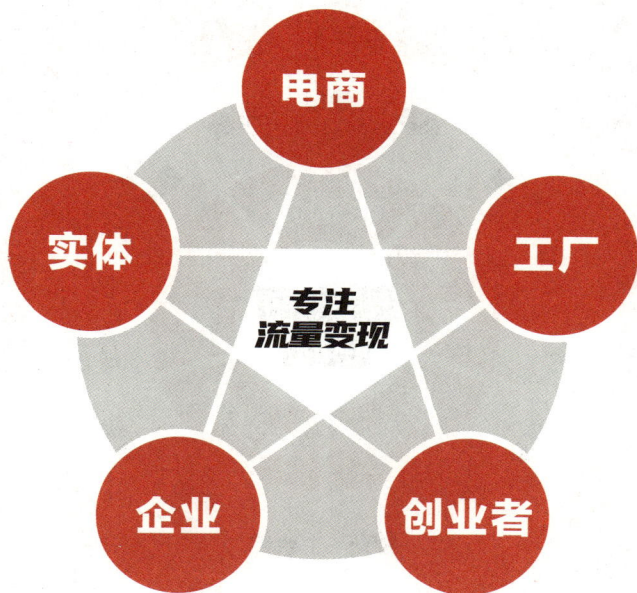

除此之外，我们还针对学员需求，推出公司的品牌产品"新电商落地赋能"，解决中小商家执行力差、经验少的难题，以期快速搭建电商团队，突破电商发展瓶颈，取得良好的口碑效果。

针对企业、工厂、门店等，我们还为企业老板定制了明星产品"企业家电商经营"总裁班。主要是想深入探讨电商领域发展，打造全域电商版块，打造团队及链接资源，真正让企业老板少走弯路、少花摸索时间，快速搭建系统，提升经营管理能力。

截至目前，我们也见证了数千名学员的成功案例。

一个木桶能装多少水，主要取决于最短的那块木板。

由许多块木板组成的"水桶"，不仅可象征一个企业、一个部门、一个团队，也可象征一个员工，而"水桶"的最大容量则象征着整体的实力和竞争力。

不管是传统实体企业还是电商商家，能够做得好的企业，都是掌握了某一种规律，或者说在经营的某一个维度做得非常好，或者说他们的短板相对来说更长。

企业发展需要在战略定位、产品设计、渠道建设、技术研发、营销战略、团队培育、文化建设等各方面都要做到位，才能走得更远。

我们要做的就是补足短板，发挥优势。

一切美好

正在发生……

附录

浅 谈 认 知

（一）

关于感恩

对于感恩的理解，我觉得是一种生活态度，是知足，是人修行的一种最高境界。

我们每个人只要呼吸就要感恩，感恩世界万物，万物皆有灵。

感恩生命中所有的一切。

我们常说感恩之心，感恩才能拥有，感恩才能天长地久。

感恩国家，给我们稳定安居乐业的环境；

感恩政府，提供如此好的商业氛围和创业机会；

感恩父母，给了我们生命和养育之恩；

感恩爱人，她/他为家庭承担了太多的责任；

感恩老师，传授我们知识，启迪智慧；

感恩领导，教会我们如何做事做人；

感恩员工，为企业的发展添砖加瓦；

感恩客户，养我全家，助我成长；

感恩对手，鞭策我，使我更强大；

感恩打击过我的人，使我增加奋斗的动力；

感恩团队中离开的人，他们也功不可没；

感恩困难挫折，使我越挫越勇，变得更加坚强；

感恩生命中遇到的每一个人和每件事，教会我不是得到，就是学到。

懂得感恩的人，

一定是一个善良的人；

一定是一个聪明的人。

知道感恩的人，

更容易得到幸福和满足。

小学初中期间，爸妈便外出打工，于是我跟弟弟两个人就住在外婆家。外婆照看我们，帮我们洗衣服和做饭，还有一半的日常生活则是我们自己解决，每天一大早就起来自己动手做饭吃，所以我们在十二三岁的时候就学会了做饭。

每年的农忙两季，爸妈都要从外地回来收割麦子和稻子，农忙结束后又回到外地去打工。农忙期间，爸妈为了赶进度，早点回城工作，我们也会被叫着干农活。除了实在干不动的，干的活跟成年人没有什么区别，做饭、喂猪样样精通。

回想起童年的生活，可谓是历历在目，所做的家务活的量在同龄孩子中几乎无人能及。看着其他孩子在父母的陪伴下脸上洋溢着幸福笑容，羡慕之情油然而生。童年的成长经历用辛苦、孤独来形容一点也不为过。

对于童年的经历，其实现在还是挺感激的，它让我和弟弟从小就学会了独立，在成长的过程中打下了很好的基础。

感恩大学时遇到了班主任老师——黄老师。2003 年初中毕业，因为分数不够没能考上重点高中，于是在老师的推荐下上了市里的职高。在一次班干部竞选的时候，黄老师给了所有人一次公平竞争的机会，班干部竞选可以是同学推荐，也可以是自荐。我第一次感受到，原来机会可以是人人平等的，是为有坚定决心的人准备的。当选班干部更多的是一份责任和担当。

黄老师在带我们的时候，也是刚大学毕业，人还长得挺漂亮。从学校报到接待我们开始，她给我的印象就是个有责任心、有能力、有激情的老师。

黄老师工作的激情、活力以及责任心，还有身先士卒、以身作则的工作态度也在深深地影响着我。

人生当中第一次想要感谢的人就是班主任黄老师。

学校毕业做过两份工作后来到昆山，开启了我的创业故事。感恩我的舅舅们，因为受他们的影响我才做起了培训。

我有四个舅舅，大舅是教育工作者，有一所私办的学校。他把一个快要倒闭的学校一步一步转变为农村学校的标杆，并建了几栋新教学楼，还是政协委员，是我们学校的榜样。

在昆山从事电脑生意期间，跟小舅也有合作过。后来从事广告生意，跟他做的生意就不相关了。他平时难得来一次，每次来就像领导视察工作一样。

总之，我的小舅是喜欢挑毛病的那种性格，人没有坏心，就是嘴快。

非常感谢不管是生活中、工作中和学习中给我压力，甚至给我泼冷水的人。

只要我们积极对待，生活一定会变得更加美好。

感恩在公司经营过程中遇到的一切困难和艰辛。

公司成立的初期，因为广告力度过大，被竞争对手举报到工商局，幸好最后只是虚惊一场。

透过这件事，我懂得做任何事都要有法律意识、风险防范意识，该交的税要交，该给员工的福利要给，在条件允许的情况下该为社会做的贡献也要做。毕竟我们所得到的一切都是国家给的，必须回馈社会，懂得感恩的人才能幸福。

对于经营公司，并不是每个人都是专业的，我也不例外。

当我意识到自身能力不够时，便下定决心出去学习，报演讲、管理、电商等课程。通过不断的学习和实践，之前看似很难跨越的问题，现在早已不在话下，现在回过头再看轻舟已过万重山。很多时候我们感到的压力和痛苦，都源于自身的能力不足。

最后，通过稻盛和夫讲的一个故事对感恩做一个总结。

稻盛和夫先生说：京瓷从京都一家小小的街道工厂起步，最初得到的订单，来自松下集团中的一家公司。

京瓷当时是一家位置偏僻、毫不起眼的街道工厂，几乎没有任何知名度，能从松下集团得到订单，实在难能可贵。但另一方面，无论交期还是品质方面的要求，订单中都有十分严格的规定。并且松下公司每年都有苛刻的降价要求，在同行中，有些人总是愤愤不平，抱怨松下"欺负供应商"。

他们的这种心情当然可以理解，但稻盛和夫首先想到的是，松下每年都能下订单，而且，正是他们提出的苛刻条件锻炼了京瓷。京瓷便照单全收了。为了在这种条件下挤出利润，京瓷绞尽脑汁，拼命努力。此后不久，京瓷的产品同当地同行相比，不仅品质远远超越，而且价格特别低廉。苛刻的要求接二连三，为了满足这些要求，京瓷拼命创新开发，由此孕育出超越行业水准的卓越产品，并保证了良好的收益。意识到这一点时，稻盛和夫从心底升起了对松下的感谢之情。

而当时同行业中那些一味发牢骚、愤愤不平的企业，很多都已经消失了。消极应对眼前的境遇和状况，满腹牢骚，满口怨言，这样的态度不可取。有对方的帮助甚至是巨大压力之下的磨炼，才有进步的自己。

心怀感谢，困难也会成为宝贵的财富！

（二）

关于聚焦

聚焦是控制一束光或粒子流使其尽可能会聚于一点的过程。

谈到聚焦这个概念，不知道大家大脑里浮现出的画面是什么样子的？

我脑海里第一个产生的画面就是：

太阳通过放大镜聚焦，然后将一张纸点燃。

那么我提到的聚焦又是什么意思呢？

是说我们将自己大部分精力长时间地聚焦在一个定位、一个项目上。

为什么要这样做呢？

这里简单分享一下我的一些观点。

原因一：聚焦让企业扎根

真正伟大的公司一定要专注于一个领域，才能做到持久！

我们越聚焦，越能让企业在行业里成为标杆，让品牌成为行业代名词。

举例一

2012年我刚做培训的时候，什么课程都做。到年底，公司做经营调整的时候，经过深思熟虑，我最终艰难地做出一个决定，就是只做电商，放弃其他的课程。

一个决定拯救了南天，让南天在电商培训这个行业站住了脚。

在2015年电商大爆发的时候，我们帮助很多学员从什么都不会蜕变为电商行业的创业成功者，成就了很多百万、千万富翁。

看到学员赚钱那么容易，心里感到不平衡了，开始蠢蠢欲动，决定做电商卖货。

真正做的时候其实并不是想象的那么简单，最后鱼和熊掌难以兼得，在培训上无法全力以赴，做电商也心有顾忌。最终哪个都无法做到专注，不得不面临选择。

坚持做培训是我们的初衷，也是我们擅长的。

有了聚焦，才有今天的"南天博大"。公司团队从十几个人发展到五十多人，从当初一年营业额只有一百万到现在年营业额超千万，从当初一年培训一千多人到高峰的时候一年培训近1万人次。

当我们真正聚焦一点时，才能有足够的能量把事业点燃。

举例二

看了一期撒贝宁主持的《开讲啦》，那一期的嘉宾是福耀玻璃创始人曹德旺，他是如何有这样身价的呢？

他在《开讲啦》当中分享说，

之所以如此成功，就是源于他高度聚焦汽车玻璃这一个行业。

他甚至非常霸气地说：跨出汽车玻璃就是跨行业了。

他是做玻璃起家的，但不是做民用的玻璃，而是高度聚焦汽车玻璃。

如今，福耀玻璃是全球规模最大的汽车玻璃供应商，马路上跑的汽车，每五辆车里有四辆车的玻璃就是出自他的工厂。

曹总花30年的时间高度聚焦汽车玻璃，没有觉得时间长而选择放弃，也没有觉得自己已经如此成功了，就开拓其他领域。

一个人长达30年的聚焦，对于他自身潜力的放大将是不可计量的。

所以说，如果你想要挖掘自己的潜力，放大自己的潜力，最好的方法就是聚焦，聚焦，再聚焦。

原因二：聚焦让自己不再迷茫

当你下定决心要做一个项目时，会发现你的目标非常明确。

你知道你是谁，要做什么，应该如何去做。

目标感越强，幸福感越强。

因为你不再迷茫，你知道你未来的路在哪个方向，应该如何走。

尤其是当你在不断聚焦的过程当中不断地收获正反馈后，你会变得更加自信。

原因三：聚焦让自己成为专家

拉开人与人差距的，除了能力，更重要的是坚持、专注的精神。当你在不断选择人生目标的时候，别人则是"咬定青山不放松"，从未放弃过当初的选择。

你会发现很多人十年换十个行业，有些人十年只做一个行业。用心做好一件事，便能在这个行业成为专家、骨干，甚至是核心管理层。

真正厉害的人，一生只做一件事：为了理想而拼搏，永不言弃。

比尔·盖茨：工程师，专注软件操作系统。

小野二郎：餐饮，专注寿司的"寿司之神"。

莫言：作家，专注于写作，获诺贝尔文学奖。

李宁：运动员，一生致力于体育事业。

李连杰：演员，专注于拍摄武打电影。

艾爱国：焊接工，50年专注焊接事业。

乔·吉拉德：推销员，12年吉尼斯纪录销售第一。

……

李小龙说："我不怕练了1万种腿法的人，我怕的是同一种腿法练了1万次的人。"即腿法练了1万次的人不一定可怕，可怕的是，每练习一次都能够找出问题并且对其进行纠正的人。不断在练习中纠正动作的人，才是真正的高手。

想要成为行业的领袖标杆，就得付出常人无法想象的努力。如果在一个企业、一个单位，发挥自己所长持续不断地精进，同样可以成为公司优秀的人才。

作为一名销售，如果不断地在销售领域钻研，学习如何开发客户，如何用心服务好客户，学习营销、销售流程，优化细节，一定可以成为销售冠军。

作为一名运营，如果能够掌握数据分析能力，学习市面上最新方法，拥有运营和策划能力，在实践中优化细节，不断复盘总结经验，相信也一定可以成为一名优秀的运营。

民间有句俗语——不管什么行业，它都是不变的规律——3年入行，5年懂行，10年成王。经过3年的时间对行业有一个初步的了解叫入行，等到第五年的时候就可以把内部的行规都学懂了。但是要灵活运用，成为行业中的佼佼者需要10年的时间。

其实这句话的道理很简单，就是告诉年轻人在从事某项工作的时候，不要急于求成。凡事都有一个过程，在没有了解这个行业的时候不要轻言放弃。因为只有懂了行业的规则，才会发现这个行业的优点与好处。

（三）

关于成长

其实我们每个人不管是做事还是做人，都需要不断成长。

那究竟如何成长呢？

1. 自学

自学有两种方法：

第一种是自我学习。

第一次做广告，因为能力有限、实践经验少，受了不少打击。

当意识到能力和水平不够的时候，只有不断学习了，每天晚上花时间学习，白天不忙的时候也一直学习，边学习边实践。连续两三个月时间，在工作中学习，在学习中实践，理论和实战都过了一遍，在实战总结了丰富的经验。

如今，我精通排版和图像处理。公司里的广告宣传、形象设计、海报宣传很多都是我亲自设计的。随着岗位的变化，无力再去做这些具体的事务了，慢慢就把这些工作交给专业的人做了。

第二种是学习需要"悟"。

学习是人生的第一学问，也是人生最大的学问。

会学习的人，他的前途不一定是光明的；但不会学习的人，他的前途一定不是光明的。在"学、思、践、悟"的问题上，我们发现有的人治学不可谓不勤，读书不可谓不多，求知不可谓无短。但奋斗不息，却无成效，重要原因之一就是缺乏"悟性"，缺乏对所读之书、所学知识、所做之事由表及里、由浅入深、由此及彼、由近及远的感悟和升华。所以有人说：学而不悟，必走老路；学而不悟，没有进步；学而不悟，原地踏步。

因此，凡是学习我们必须要做到会思考、勤思考、善思考，敢实践、勤实践、善实践，会感悟、常感悟、善感悟这三大关键。也只有做到这三大关键，才叫真正的会学习！

学习无处不在、无时不学，全在于一个"心"字，有心且用心是学习的关键。在工作生活中，每一天每一刻，你做的每一件事都是在学习。把小的事情做精致需要学习，把大的事情做圆满更需要学习。边做边学就是最好的学习状态。

日常工作和生活皆是学习，点滴小事都有智慧。不但要做对，还要用心去做好，做到极致。旅行放松是学习，观景观人观事知其然，用心感悟知其所以然。

聪明的人看别人做什么，有智慧的人看别人怎么做！

2. 在试错中成长

犯错是把双刃剑，有的人犯错后成长，有的人犯错后颓废。

撞墙了，没路了，受伤了，才会发现做错了。然后痛定思痛，学会反思，知道改过，才能进步，成长就是不断在错误中找到正确的路。这也叫体验式成长。所以，成长也可以通过试错实现。

曾经，因为不懂识人用人，不懂管理，没有规划，错失了很多人才。如果这些人能够围绕身边，有可能也会成为公司的股东或者核心人员。

曾经，因为眼红、跟风，让上万元血本无归。

不劳而获是不切实际的，想要投机取巧的人注定也会以失败而告终。

曾经，因为自我膨胀急于求成，投资 50 万元开分校，以亏损收场。

人生的学费迟早要交的，不是交给老师，就是交给市场、时间、经验、教训！其实犯错不怕，怕的是不知道自己犯错。在犯错中复盘，总结失败经验。

（四）

关于老板思维

开车之前，需要拿到驾照才能上路。

从事会计工作，要有专业技能才能上岗。

做公务员，也需要通过国家考试才能上岗。

而当老板，国家没有这个专业，也没有针对这个职业的岗前培训，创业者做生意之前没有人教：老板需要具备哪些能力？需要规避哪些风险？什么阶段做什么事情？

老板这个职业基本上都是先上路再补票，缺什么补什么。

绝大多数创业者在上路之前都是一张白纸，最多懂一个板块的能力，而作为老板需要的是综合的能力！

在做的过程中总结验，在犯错中总结教训，在做的过程中成长，通过实践、反思、学习慢慢成为一个合格的老板。

如果对于经营企业有方法、有认知，创业者或许就不会走弯路，明白什么时间段做什么事，什么该做什么不该做，什么优先做。

一座楼房可以建多高，是由地基决定的。地基打得足够深、足够坚硬，所能承受的重量就越大。中小微企业老板必须要把根基打好，提升自身综合能力。

经过 10 年多的经营和学习我总结出经营企业的一些规律和心得，分享一下作为老板必备的三大思维：产品思维、团队思维、客户思维。

产品思维解决的是如何赚钱（商业模式）的问题，主要包括卖什么、怎么卖、在哪里卖。

团队思维解决的是如何分钱（分配机制）的问题，主要包括人、薪酬、考核、晋升、愿景、规则。

客户思维解决的是如何收钱（营销模式）的问题，主要包括业务流程。

接下来，重点分享老板必备三大思维中的团队思维：如何分配。

员工来公司就是为了赚钱，老板就要懂得如何分钱。钱分不好，员工就没有动力干活。

作为公司的老板，必须学会做薪酬激励机制，员工需要赚更多的钱，中层需要的是分红，股东需要的是股份。

老板要赚钱，必须会分钱。

分钱分不好，企业容易倒。

工资发不好，员工容易跑。

股权分不好，公司搞不好。

创业初期，公司前台每个月工资是 3000 元。这样一方面员工工作没有动力，干多干少都一样。慢慢地公司经营得越来越好了，如果还是 3000 元，招人就没有吸引力。后来我就做了一个考核办法，固定底薪加绩效，再加提成。如果做到 15000 元业绩，绩效工资就是

800 元，低于 15000 元绩效工资按比例拿。比如做到 7500 元，绩效就是 400 元，再加提成。这样做的目的就是激励大家努力，做好业绩。

好的薪酬机制一定会让观望的人动起来，让优秀的人富起来，让懒惰的人慌起来，这样公司才会越来越好。

南天博大多年来，每年都会拿出几十万分给员工，为什么要分？怎么分？其实也是一个技术活。

我们每年年初会设定一个业绩或考核指标，年底会按级别划分，能拿多少钱员工自己心里其实已经有数了。这样他们就会为自己做，而不是为老板做，可以很好地激发员工动力，公司业绩自然就会提升。

其实对于老板而言更重要的是要有分钱的意识，就是学会分钱。

所以，在企业发展战略中，薪酬制度是很重要的一个组成部分。任何一个企业要做大做强都离不开人才，发好钱有以下几个好处：一是吸引人才加入公司；二是留住员工好好工作；三是激发员工更大的动力。

老板愿不愿拿钱出来是胸怀，懂不懂分钱是智慧。分钱是一种技术，更是一种艺术。老板要有胸怀，更要有智慧，灵活运用分钱的技术进可攻（赚大钱），退可守（不亏钱），这样才能立于不败之地。

（五）

关于夫妻之道

曾经听过这样一句话，不能用年龄衡量一个人的成熟和成功，而是要用丰富的人生经历和阅历。虽然我和我的妻子没有金婚银婚的分量，但因为我们的经历够丰富，尝过生活的酸甜苦辣，而且夫妻之间感情基础牢固，想给大家分享一些心得。

在现实生活中，家庭是否幸福美满，首先是由夫妻关系决定的。夫妻感情和睦，有利于营造好的家庭氛围，既能让对方有安全感，也可以互相成为对方的精神依托。和睦的夫妻关系有助于家庭关系和事业的发展，夫妻和睦是家庭幸福之源。

夫妻之间如果能做到以下两点，一定会幸福。

1. 同频才能同行

现实生活中为什么有些夫妻感情不和，家庭矛盾不断呢？重要的一点就是夫妻思维不同频。

所谓同频，就是三观一致、思维一致。如果做不到，就没有办法交流，你讲的她听不懂，她讲的你听不懂。

我们经常在电视剧和现实生活中看到这样的情况，男人为了生计，每天起早贪黑努力打拼，经常为了应酬喝得醉醺醺地回家。 而女人不但要承担自己的工作压力，还要做家务、照料老人和孩子，她最需要的就是男人的关爱。可是男人一没时间陪妻子逛街看风景，二没时间帮妻子照顾家庭，甚至两人每天连说话的时间都没有。于是妻子就只能压抑自己的情绪，在一次次得不到丈夫的关心和爱护的情况下，她的情绪最终会崩溃，然后就是一次又一次无休止的争吵。而男人在工作中面对的压力无人分担，在家庭里也得不到理解，矛盾就很容易爆发，两个人的感情也最终走向终点。

创业这十几年，我和我的妻子几乎是共同学习、共同成长，每个人扮演好自己的角色。创业初期，我们基本都是亲力亲为，我负责公司的营销、管理、课程研发、交付等工作，而我老婆负责公司的招生、咨询、后勤等工作。公司好起来了，团队人也多了起来的时候，我们就渐渐退居幕后，从事管理相关的工作，给更多年轻人冲锋在前的机会。这几年我们每年至少外出学习两到三次，提升自己的格局和思维，如果没有同频，就很难执行下去。

除此之外，还有很多需要同频的方面，例如生活方式、孩子教育、人际关系、公司发展、学习成长等。

2. 生活需要仪式感

什么是仪式感呢？

仪式感就是让每个平凡的日子都充满新的期待。这是符合人性的，因为再好的关系也需要维系，再平淡的生活也需要仪式感。

即使生活再忙碌，也要空出一点时间留给自己留给爱人。在漫长岁月里善待自己，那些看似微不足道的仪式感，恰恰能让生活变得精致鲜活。

同样的一道菜，如果换一种搭配、做法，再尝试搭配些养眼的餐具，营造出浓浓的浪漫氛围，也会吃出不同的幸福感。

精致的生活，不在于钱，而在用心。

（六）

关于竞争

竞争是所有企业都绕不开的话题，尤其是创业门槛比较低的行业，更要认真看待竞争。竞争处理得好，可以助你立于不败之地；处理得不好，可能会是一场噩梦。

怎么正确看待竞争呢？竞争是一种普遍的现象，它能够激发个人和团队的潜力和创造力，促进社会的进步和发展。因此，我们需要正确认识竞争，看到竞争带来的积极影响。

企业想要做大，就必须要有竞争。没有竞争，我们一定会很安逸，一定会松懈，到最后就没有未来。没有竞争南天走不到今天，不会有这样的影响力和成绩。

我是认可竞争的，但不希望看到恶性竞争。因为市场很大，一家也是做不完的，需要更多的机构一起营造良好的商业环境，只有把蛋糕做大，每个人才能分到更多。

如果没有同行竞争，我们的生意可能会异常火爆，可能会多出数百万营收。可能会瞎投资，会膨胀，就不会用心在产品上打磨，在服务上下功夫。

所以，竞争对手帮我们清晰了定位，让我们专注于产品。把课程品质放在首位，不去打价格战。做好品质、做好服务后，同样不会缺客户。

我们在面对竞争时只做一件事：专注服务好自己的客户，专注做好产品交付。